Professional Engineer Building Electrical Facilities

광범위한 분량의 **맞춤** 솔루션 **'맥잡기 공부법'**

배울학
건축전기
설비기술사

LEVEL Zero

건축전기설비기술사 **황민욱** 편저

처음 시작하는 수험생을 위한 건축전기설비기술사 입문서

· 기초가 되어야하는 **필수 이론** 학습 가능
· 전기원론 관련 **과년도 문제**(제 93회 ~ 120회) 수록 및 **해설** 제시
· 전기설비총론을 통해 건축전기설비의 **기본 개념** 파악

저자 직강
동영상 강의

무료강의
학습자료

교수님과의
1:1 상담

www.baeulhak.com

머리말

이렇다 할 방법 없이 기존의 천편일률적인 수험준비에 지치고 무기력해진 여러분께 고합니다.

합격한 선배기술사, 직장 상사, 함께 공부하고 있는 수험생들의 정보에 인터넷 검색을 통해 얻은 정보를 얹어 A 학원, B 학원, C 인강을 듣고 다시 검색과 댓글을 읽어가며 정보에 정보만을 더하고 있지는 않으신가요? 그 정보가 나의 실력이라 믿고 있지는 않은가요?
회사, 집, 주말학원…… 그저 쳇바퀴 같은 시험공부의 늪에서 시간이 해결해줄 거라 믿고 계신가요?
그런 '패턴', 그런 '길' 속에 서 있다면 과감하게 벗어나 '새로운 길'에 오르시기 바랍니다.

바쁜 직장생활 그리고 소홀할 수 없는 가정.
지극히 평범한 저자는 시간을 쪼개어 준비하며 많은 길을 헤매다 이 자리에 섰습니다.
그리고 저자는 그 뒤안길을 돌아보며 들었던 아쉬움과 주위 기술사님들의 고견을 토대로
교재와 강의를 제작하였습니다.
'**배울학 건축전기설비기술사**'는 저와 여러 기술사님들의 서브노트 정리 및 답안 작성 관점 등을
비교학습 할 수 있도록 하였습니다.
여러분께 신선한 정보와 새로운 시험 준비 방법을 제시하겠습니다.

건축전기설비기술사를 준비만 하시는 분들, 막연하게 공부만 하시는 분들.
공부하다보면 언젠가는 합격할 수 있을까요? 지체할 시간이 없습니다.
그 도전에 황기술사가 함께 하겠습니다.

황민욱 기술사

Level 체계

'배울학 건축전기설비기술사' 교재는 Level Zero, A, B, C 로 구성되어 있으며,
나만의 '맥잡기 노트 50' 작성을 목표로 나누었습니다.

전기이론은 필수 학습항목입니다.
시간이 부족하면 Level Zero 부분을 우선 학습하시기 바랍니다.
회로이론, 전자기학, 전력전송공학, 전기기기는 추가학습을 꼭 권해드립니다.
전기이론과 관련된 기출문제만 우선 정리하였습니다.

건축전기기술사를 준비하는 분들의 필수관문 '기본서 Level'입니다.
모든 문제를 자신만의 관점으로 정리하다보면 보다 쉽게 머릿속에 정리될 수 있습니다.
저는 설계자 관점에서 기본서의 이론을 어필하려고 합니다.
대표문제를 통해 전체문제 패턴의 길라잡이가 되어드리겠습니다.

답안 작성을 위한 지도를 제시해 나의 답안을 만들 수 있도록 도와드리는 레벨입니다.
작성은 직접 해보셔야 합니다. 여러분의 답안지가 최선입니다.
완벽한 답안지는 없습니다.
필수 50문항을 선별하여 수록한 '맥잡기'는 여러분의 서브노트 시작점이 될 것입니다.

마무리 단계입니다. 나의 답안과 합격자의 답안을 비교해 보시기 바랍니다.
다른 기술사님들의 답안지를 통해 무엇이 부족했으며, 무엇이 넘쳤는지 분석하여
나의 답안지를 완성합니다. 실제 다른 기술사님의 합격 직전의 답안입니다.
이쯤되면 나만의 서브노트도 한 권쯤 완성되어 있을 것입니다.

책의 특징 및 활용

── 특 징 ──

1 건축전기설비기술사 시작을 위한 필수 이론

- 건축전기설비기술사 시험 시작을 위한 필수적인 이론을 3개 파트로 나누어 수록하여 기초를 확실하게 다질 수 있습니다.
  - 기초이론
  - 용어의 정리
  - 전기설비총론

2 전기원론 관련 과년도 문제 제공

- 전기(회로)이론 문제의 출제경향을 키워드로 분석하였으며, 전기이론 관련 과년도 문제(제 93회~120회) 수록 및 해설을 제공합니다.

── 활 용 ──

- **Step 1** 고등학교 전기이론, 전기기기 교재 적극 추천
- **Step 2** 기사, 산업기사 이론학습 추천
- **Step 3** 시간이 부족하다면, Level Zero만이라도 학습
- **Step 4** 기초 이론문제는 해결할 수 있도록 반복학습

책의 구성

기초 이론

· 이론
  기초수학부터 전력품질까지 필수로 학습해야 하는 전기이론 수록

· 과년도 문제풀이
  제 93회~120회까지 전기(회로)이론 관련하여 출제된 기출문제를 수록하였으며, 수록된 모든 문제 해설 제공

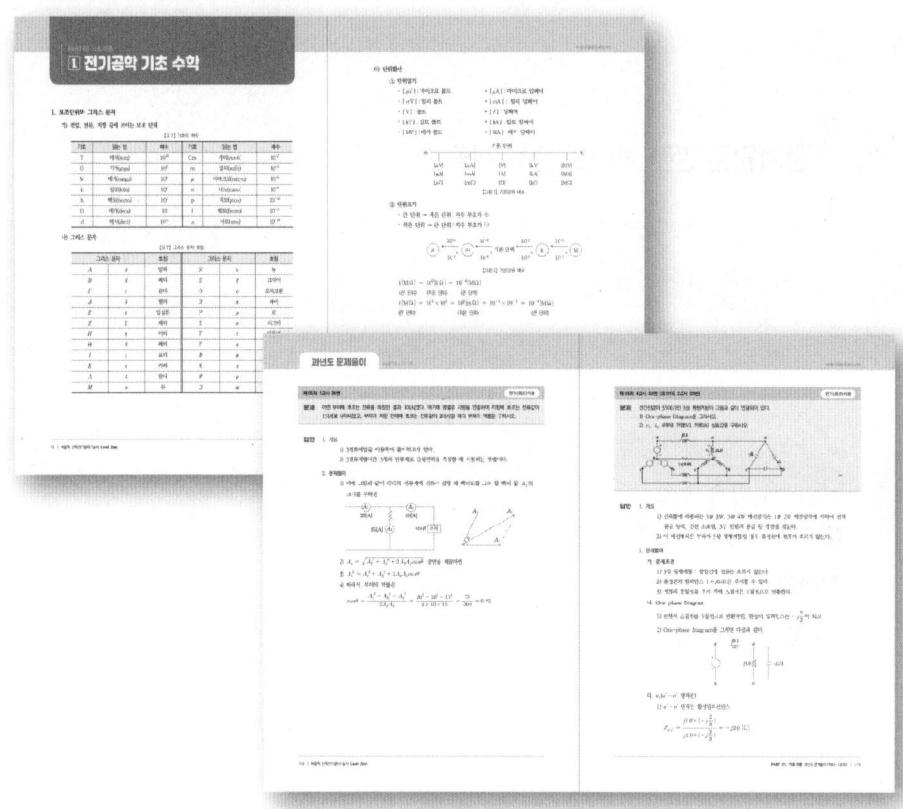

용어의 정리

· 전기설비기술기준, 한국전기설비규정 및 KSC IEC 관련 용어 정리

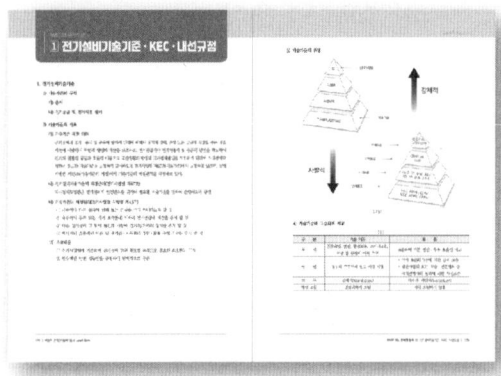

전기설비총론

· 건축전기설비의 분류 및 설계 기본 개념 전달

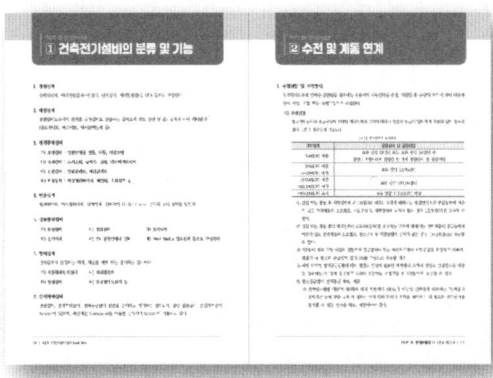

Intro. 책의 구성 | 7

건축전기설비기술사 안내

■ 개요

전기의 생산, 수송, 사용에 이르기까지 모든 설비는 전기특성에 적합하게 시공되어야 안전합니다.
특히 대량의 전력수요가 있는 건물, 공공장소 등에서는 각별한 주의가 요구됩니다.
이에 건축전기설비의 설계에서 시공, 감리에 이르는 전문지식과 풍부한 실무경험을 갖춘 전문인력을 양성하기 위해 자격제도가 제정되었습니다.

■ 역할

건축전기설비에 관한 고도의 전문지식과 실무경험을 바탕으로 건축전기설비의 계획과 설계, 감리 및 의장, 안전관리 등을 담당합니다. 또한 건축전기설비에 대한 기술자문 및 기술지도 등의 업무를 수행합니다.

■ 전망

건설경기의 활성화와 함께 앞으로 사무용빌딩뿐만 아니라 아파트, 개인주택에 이르기까지 생활환경의 개선과 통신망의 확충을 위하여 수용전력량이 증가하고 전기공사가 늘어날 것으로 예상됨에 따라 건축전기설비관련 전문가의 수요도 증가할 것으로 전망됩니다.

■ 활용

- **취업**
    - 건축물 관련 전기설비관리업체, 한국전력공사를 비롯한 전기공사업체, 전기설비설계업체, 감리업체, 안전관리대행업체 등에 취업 가능합니다.
    - 전기시설설계업체, 감리업체 등을 직접 운영 가능합니다.
    - 정부기관, 학계, 연구소 등에 취업 가능합니다.
    - 건설공사의 품질과 안전을 확보하기 위해 「건설기술관리법」에 의해 감리전문회사의 특급감리원으로 취업 가능합니다.

- **가산점 제도**
    - 6급 이하 및 기술직공무원 채용시험 시 가산점이 부여됩니다.
    - 공업직렬의 전기 직류와 시설직렬의 건축 직류에서 채용 계급이 8·9급, 기능직 기능 8급 이하와 6·7급, 기능직 기능 7급 이상일 경우 모두 5%의 가산점이 부여됩니다.
        * 다만, 가산 특전은 매 과목 4할 이상 득점자에게만, 필기시험 시행 전일까지 취득한 자격증에 한합니다.
         한국산업인력공단 일반직 5급 채용 시 필기시험 만점의 7%를 가산합니다.

- **우대**
    - 국가기술자격법에 의해 공공기관 및 일반기업 채용 시 그리고 보수, 승진, 전보, 신분보장 등에 있어서 우대받을 수 있습니다.

시험 안내

■ 원서접수 안내

- 시행처 : 한국산업인력공단

　　　　　접수기간내 큐넷(http://www.q-net.or.kr) 사이트를 통해 원서접수

■ 건축전기설비기술사 응시자격

- 동일(유사)분야 기술사
- 기사 + 4년
- 산업기사 + 5년
- 기능사 + 7년
- 동일 종목 외 외국자격 취득자
- 기사(산업기사)수준의 훈련과정 이수자 + 6년(8년)

■ 시험과목

필 기	면 접
① 건축전기설비의 계획과 설계 ② 감리 및 의장 ③ 기타 건축전기설비에 관한 사항	-

■ 검정방법 및 시험시간

구 분	필 기	면 접
검정방법	단답형 및 주관식 논술형	구술형 면접시험
시험시간	총 400분 (매 교시당 100분)	약 30분

■ 시험방법

· 1년에 3회 시험을 치르며, 필기와 면접은 다른 날에 구분하여 시행합니다.

■ 합격자 기준

· 필기 · 면접 : 100점을 만점으로 하여 60점 이상

  ＊ 필기시험에 합격한 자에 대하여는 필기시험 합격자 발표일로부터 2년간 필기시험을 면제합니다.

■ 합격자 발표

· 최종 합격자 발표는 발표일에 인터넷(http://www.q-net.or.kr) 또는 ARS(1666-0100)로 확인 가능합니다.

목차

Part 01 기초 이론 ··· **13**
   01 전기공학 기초수학 ··· 14
   02 전기 일반 ··· 22
   03 전력계통 기본 ··· 53
   04 송배전학술 ··· 71
   05 전력품질 ·· 97
   · 과년도 문제풀이(제93~120회) ·· 111

Part 02 용어의 정리 ··· **173**
   01 전기설비기술기준 · KEC · 내선규정 ······································· 174
   02 KS C IEC ·· 178
   03 송배전 기술용어 해설집 ··· 181
   04 KECG ·· 182
   05 표준전압/전류 ··· 185

Part 03 전기설비총론 ··· **189**
   01 건축전기설비의 분류 및 기능 ··· 190
   02 수전 및 계통 연계 ·· 191
   03 건축전기설비의 역할(쾌적성, 편리성, 안전성) ··························· 201
   04 설계방향 및 설계단계 성과물 ··· 202

● 배울학 건축전기설비기술사 Level Zero

● PART 01
기초 이론

01 전기공학 기초수학

02 전기일반

03 전력계통 기본

04 송배전학술

05 전력품질

· 과년도 문제풀이(제93~120회)

PART 01 기초 이론

1 전기공학 기초 수학

1. 보조단위와 그리스 문자

가) 전압, 전류, 저항 등에 쓰이는 보조 단위

【표 1】기호와 배수

기호	읽는 법	배수	기호	읽는 법	배수
T	테라(tera)	10^{12}	Cm	센티(centi)	10^{-2}
G	기가(giga)	10^{9}	m	밀리(milli)	10^{-3}
M	메가(mega)	10^{6}	μ	마이크로(micro)	10^{-6}
k	킬로(kilo)	10^{3}	n	나노(nano)	10^{-9}
h	헥토(hecto)	10^{2}	p	피코(pico)	10^{-12}
D	데카(deca)	10	f	펨토(femto)	10^{-15}
d	데시(deci)	10^{-1}	a	아토(atto)	10^{-18}

나) 그리스 문자

【표 2】그리스 문자 호칭

그리스 문자		호칭	그리스 문자		호칭
A	α	알파	N	ν	뉴
B	β	베타	Ξ	ξ	크사이
Γ	γ	감마	O	o	오미크론
Δ	δ	델타	Π	π	파이
E	ε	입실론	P	ρ	로
Z	ζ	제타	Σ	σ	시그마
H	η	이타	T	τ	타우어
Θ	θ	쎄타	Υ	υ	입실론
I	ι	요타	Φ	φ	파이
K	κ	카파	X	χ	카이
Λ	λ	람다	Ψ	ψ	프사이
M	μ	뮤	Ω	ω	오메가

다) 단위환산

① 단위읽기
- [μV] : 마이크로 볼트
- [mV] : 밀리 볼트
- [V] : 볼트
- [kV] : 킬로 볼트
- [MV] : 메가 볼트
- [μA] : 마이크로 암페어
- [mA] : 밀리 암페어
- [A] : 암페어
- [kA] : 킬로 암페어
- [MA] : 메가 암페어

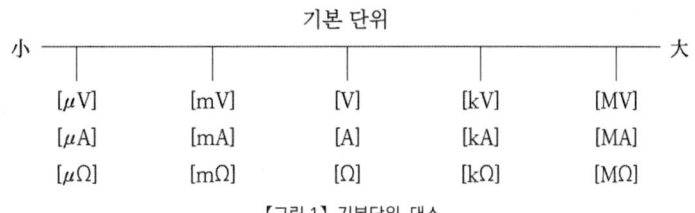

【그림 1】 기본단위 대소

② 단위크기
- 큰 단위 → 작은 단위 : 지수 부호가 ⊕
- 작은 단위 → 큰 단위 : 지수 부호가 ⊖

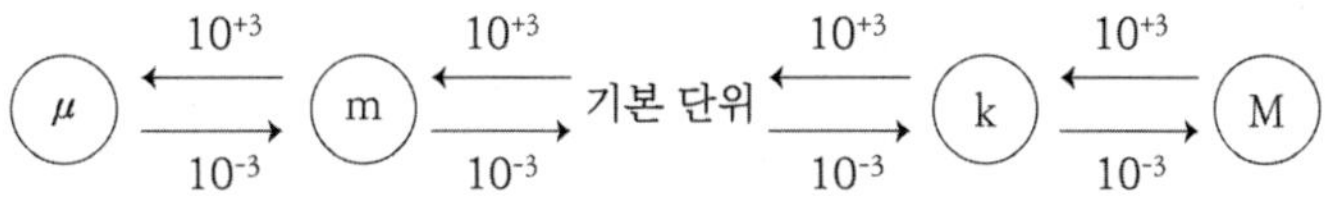

【그림 2】 기본단위 배수

$1[\text{M}\Omega] = 10^3[\text{k}\Omega] = 10^{-3}[\text{M}\Omega]$
(큰 단위)   (작은 단위)   (큰 단위)

$1[\text{M}\Omega] = 10^3 \times 10^3 = 10^6[\text{m}\Omega] = 10^{-3} \times 10^{-3} = 10^{-6}[\text{M}\Omega]$
(큰 단위)   (작은 단위)   (큰 단위)

2. 기호법에 의한 교류 회로 계산

가) 복소수의 개념

복소수는 실수와 허수로 구성되며, 크기와 방향을 갖는 Vector를 다루는 데 이용하고 있다.

복소수는 Vector이다.

복소수 = 복소평면상의 한 점 = 그의 점과 원점을 이은 Vector

① 절대값 : $Z = \sqrt{A^2 + B^2}$

② 편각 : $\angle Z = \tan^{-1}(\dfrac{B}{-A})$

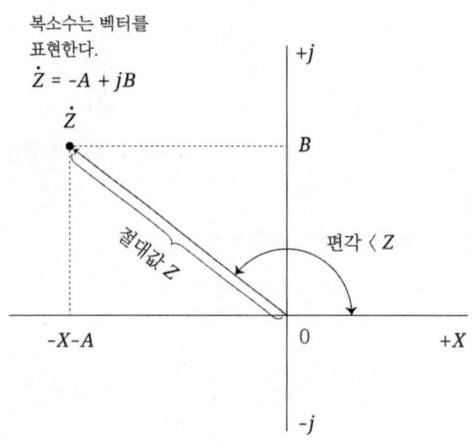

【그림 3】 직각좌표계 복소수 개념

나) 복소수의 크기

복소수의 크기 = 실수 + j허수 = $a + jb = \sqrt{a^2 + b^2}$

$j = \sqrt{-1}, \quad j^2 = -1, \quad j^3 = -j, \quad j^4 = 1$

3. 복소수의 표시법

가) 지수함수형 : $Ae^{j\theta}$ A : 크기, θ : 위상각

나) 극좌표식 : $A\angle\theta$

다) 삼각함수형 : $A(\cos\theta + j\sin\theta)$

라) 직각좌표식 : $a + jb$

마) 극좌표식의 곱셈과 나눗셈

① 곱셈

$$A = A_1 \angle \theta_1$$
$$B = B_2 \angle \theta_2$$
$$C = A \times B = A_1 \angle \theta_1 \times B_2 \angle \theta_2 = A_1 \times B_2 \angle \theta_1 + \theta_2$$

② 나눗셈

$$A = A_1 \angle \theta_1$$
$$B = B_2 \angle \theta_2$$
$$C = A \div B = A_1 \angle \theta_1 \div B_2 \angle \theta_2 = \frac{A_1}{B_2} \angle \theta_1 - \theta_2$$

4. 각도와 호도법, 삼각함수

가) 각도와 호도

$\omega = \dfrac{\Delta\theta}{\Delta t}$ 각도를 원주상의 길이로 나타내는 호도를 사용하면 전기의 파를 다루는 데 편리한 점이 많아 널리 쓰이고 있고 호도를 전기각이라고도 한다. 다음 식은 각도와 호도 사이의 관계식을 나타낸다. (【그림 4】참조)

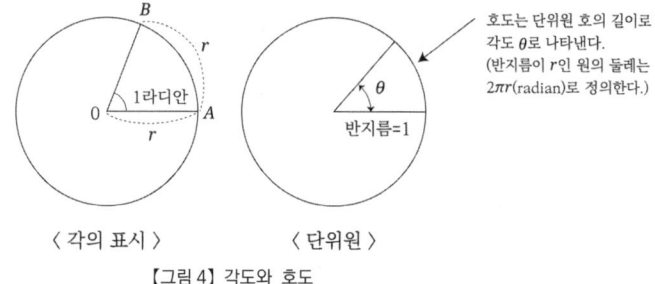

【그림 4】각도와 호도

$$호도[\text{rad}] = \frac{2\pi\theta}{360°}$$

특수각의 도수법 환산(호도법 $\times \dfrac{180}{\pi}$ = 도수법)

$2\pi = 360°$, $\pi = 180°$, $\dfrac{3}{2}\pi = 270°$, $\dfrac{\pi}{2} = 90°$, $2\pi = 360°$

$\dfrac{\pi}{3} = 60°$, $\dfrac{\pi}{4} = 45°$, $\dfrac{\pi}{6} = 30°$

나) 삼각함수

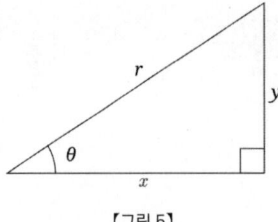

$$\tan\theta = \frac{y}{x}$$
$$= \frac{\frac{y}{r}}{\frac{x}{r}} = \frac{\sin\theta}{\cos\theta}$$

【그림 5】

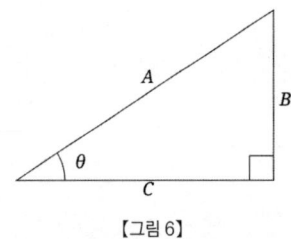

$$\sin\theta = \frac{B}{A} = \frac{높이}{빗변}$$
$$\cos\theta = \frac{C}{A} = \frac{밑변}{빗변}, \quad \theta = \frac{1}{\tan}\times\frac{B}{C} = \tan^{-1}\frac{B}{C}$$
$$\tan\theta = \frac{B}{C} = \frac{높이}{밑변}$$

【그림 6】

① 특수각의 삼각함수값

【표 3】 특수각의 삼각함수값

	0°	30°	45°	60°	90°
sin	$\frac{\sqrt{0}}{2}=0$	$\frac{\sqrt{1}}{2}=\frac{1}{2}$	$\frac{\sqrt{2}}{2}=\frac{1}{\sqrt{2}}$	$\frac{\sqrt{3}}{2}$	$\frac{\sqrt{4}}{2}=1$
cos	$\frac{\sqrt{4}}{2}=1$	$\frac{\sqrt{3}}{2}$	$\frac{\sqrt{2}}{2}=\frac{1}{\sqrt{2}}$	$\frac{\sqrt{1}}{2}=\frac{1}{2}$	$\frac{\sqrt{0}}{2}=0$
tan	$\frac{0}{3}=0$	$\frac{\sqrt{3}}{3}=\frac{1}{\sqrt{3}}$	$\frac{\sqrt{3}\cdot\sqrt{3}}{3}$	$\frac{\sqrt{3}\cdot\sqrt{3}\cdot\sqrt{3}}{3}=\sqrt{3}$	∞

$$\sin(-30°) = -\sin 30°$$
$$\cos(-30°) = \cos 30°$$
$$\tan(-30°) = -\tan 30°$$

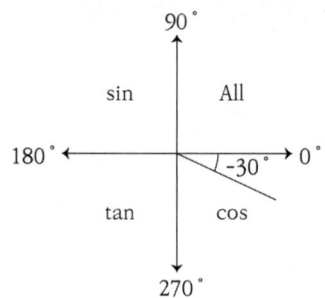

【그림 7】 직각좌표계와 삼각함수

㉮ $\sin^2 A + \cos^2 A = 1$

㉯ $\sin^2(A\pm B) = \sin A\cos B\cos \pm \cos A\sin B$

㉰ $\cos(A\pm B) = \cos A\cos B \pm \sin A\sin B$

㉱ $\sin^2 A = \frac{1-\cos 2A}{2}$

㉮ $\cos^2 A = \dfrac{1+\cos 2A}{2}$

㉯ $\tan A = \dfrac{\sin A}{\cos A}$

② 둘레 면적 및 체적

원의 둘레 $l = 2\pi r [\text{m}]$

원의 면적 $S = \pi r^2 [\text{m}^2]$

구의 표면적 $= 4\pi r^2 [\text{m}^2]$

구의 체적 $= \dfrac{4}{3}\pi r^3 [\text{m}^3]$

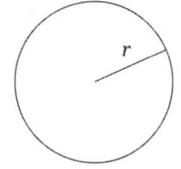

【그림 8】 반지름 r[m]의 원

5. 벡터의 곱셈

벡터 곱 ⇒ 최종결과식이 벡터

- $\vec{A} \times \vec{B} = |\vec{A}||\vec{B}|\sin\theta$

  $i \times i = j \times j = k \times k = |i||i|\sin\theta \leftarrow (\sin\theta = 0)$

  $\qquad\qquad\qquad\quad = \ 0$

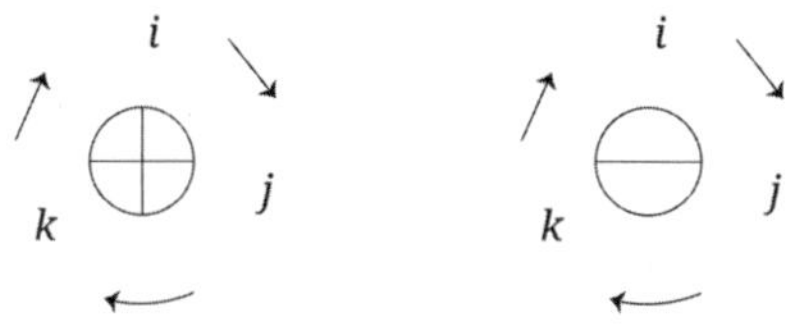

$i \times j = k \qquad j \times i = -k \qquad ex)\ i \times j = -j \times i = k$
$j \times k = i \qquad k \times j = -i \qquad \qquad\quad j \times k = -k \times j = i$
$k \times i = j \qquad i \times k = -j$

【그림 9】 단위벡터 면적

- $\vec{A} \times \vec{B} = (Axi + Ayi + Azk) \times (Bxi + Byi + Bzk)$

  $= AxBx(i \times i) + AxBy(i \times j) + AxBz(i \times k)$

  $\quad + AyBx(j \times i) + AyBy(j \times j) + AyBz(j \times k)$

  $\quad + AzBx(k \times i) + AzBy(k \times j) + AzBz(k \times k)$

  $= i(AyBz - AzBy) + j(AzBx - AxBz) + k(AxBy - AyBx)$

- $\vec{A} \times \vec{B} = \begin{vmatrix} i & j & k \\ Ax & Ay & Az \\ Bx & By & Bz \end{vmatrix}$ 샤로스 법칙 이용

  $= i(AyBz - AzBy) + j(AzBx - AxBz) + k(AxBy - AyBx)$

1 전기공학 기초수학 PART 01 기초 이론

6. 미분공식

① $y = x^m$

$$\frac{dy}{dx} = y' = m \cdot x^{m-1}$$

② $y = \sin x$

$$y' = +\cos x$$

③ $y = \cos x$

$$y' = -\sin x$$

④ $y = \sin ax$ (변수 x 앞에 상수가 있는 경우)

$$y' = (ax)' \cos ax = a \cos ax$$

⑤ $y = \cos ax$

$$y' = -(ax)' \sin ax$$

$$\therefore y' = -a \sin ax$$

⑥ $y = e^x$

$$y = (x^1)' e^x \text{ (지수함수는 그대로)}$$

$$= e^x \cdot 1 = e^x$$

⑦ $y = e^{ax}$

$$y' = (ax)' e^{ax}$$

$$\therefore y' = a \cdot e^{ax}$$

⑧ $y = (a+bx)^m$

$$y' = m(a+bx)^{m-1} \cdot (bx)$$

$$= m(a+bx)^{m-1} \cdot b$$

⑨ $y = \log e^x$

$$y' = \frac{1}{x}$$

⑩ $y = \tan x = \frac{\sin x}{\cos x}$

$$y' = \frac{\sin x' \cdot \cos x - \sin x \cdot \cos x'}{\cos^2 x}$$

7. 적분공식

① $\int x^n \, dx = \dfrac{x^{n+1}}{n+1}$ (적분상수 제외)

$ex) \; y = 3x^2$ 을 적분하면 $\int 3x^2 \, dx = \dfrac{3}{2+1} x^{2+1} = x^3$

② $\int \sin x \, dx = -\cos x$

③ $\int \cos x \, dx = \sin x$

④ $\int \cos ax \, dx = \dfrac{1}{(ax)'} \cdot \sin ax = \dfrac{1}{a} \sin ax$

⑤ $\int e^x \, dx = \dfrac{e^x}{(x)'} = \dfrac{e^x}{1} = e^x$

⑥ $\int e^{ax} \, dx = \dfrac{1}{(ax)'} \cdot e^{ax} = \dfrac{1}{a} e^{ax}$

⑦ $\int (a+bx)^n \, dx = \dfrac{1}{n+1}(a+bx)^{n+1} \cdot \dfrac{1}{(bx)'} = \dfrac{(a+bx)^{n+1}}{(n+1)b} = e^x$

⑧ $\int \dfrac{1}{x} \, dx = \log e^x$

⑨ $\int u \dfrac{dv}{dx} \, dx = uv - \int \dfrac{du}{dx} v \, dx$ (부분적분법)

8. 라플라스 변환

$f(t) = \int_0^\infty f(t) \cdot e^{-st} \, dt$

$f(t) = \int_0^\infty t \cdot e^{-st} \, dt = \left[t \cdot \left(\dfrac{1}{s} e^{-st} \right) \right]_0^\infty - \int_0^\infty 1 \cdot \left(-\dfrac{1}{s} e^{-st} \right) dt$

$= -\dfrac{1}{s} \left[\dfrac{t}{e^{st}} \right]_0^\infty - \int_0^\infty 1 \cdot \left(\dfrac{1}{s} e^{-st} \right) dt$

$= 0 - \left(-\dfrac{1}{s} \right) \int e^{-st} \, dt = -\dfrac{1}{s^2} \left[\dfrac{1}{e^{st}} \right]_0^\infty$

$= -\dfrac{1}{s} \left[0 - \dfrac{1}{1} \right] = \dfrac{1}{s^2}$

$f(t) = \int_0^\infty f(t) \cdot e^{-st} \, dt$

$t^n = \dfrac{n!}{s^{n+1}}$

$t = \dfrac{1}{s^2}$

PART 01 기초 이론
② 전기 일반

1. 저항(Resistance)

① (직류)전류가 흐르는 도선의 두 점 사이 전위차 V는 도선에 흐르는 전류 I에 비례하며, 그 비례상수를 저항 R이라 한다. ($V=IR$, 옴의 법칙)

② 단위는 [Ω]으로서 1[Ω]은 1[V]의 전위차에 대하여 1[A]의 전류를 흐르게 하는 값이다.

③ 도체의 저항 : $R = \rho \dfrac{l}{S}[\Omega]$

여기서, $\rho[\Omega/m-mm^2]$: 도체의 고유저항

$l[m]$: 도체의 길이

$S[mm^2]$: 굵기가 균일한 도선의 단면적

④ ρ, l, S 는 온도에 따라 변하므로 저항 역시 온도에 따라 변화

$R = R_0(1+\alpha t)$의 관계가 성립

여기서, $R_0[\Omega]$: 기준 온도에서의 저항

α : 기준 온도에서의 온도계수

$t[℃]$: 기준 온도와 주위 온도 차

⑤ 교류는 전류가 표면에 가까운 부분으로만 흐르려고 하는 표피효과로 인해 도선에 전류가 균일하게 분포하지 않으므로 직류보다 저항이 증가하는데 이러한 현상은 주파수가 높을수록 두드러지게 나타난다.

2. 도전율(Conductivity)

① 체적고유저항 : 비례상수 ρ는 물질의 단위면적, 단위길이당의 저항을 의미하며, 물질의 종류 및 온도에 의하여 결정되는 값

② 단위 질량의 물질을 균일한 단면적으로 가지는 단위길이당 늘렸을 때의 저항으로 물질의 고유저항을 표시할 수도 있는데 이를 질량고유저항이라고 부른다.

(비중 × 체적 고유저항 = 질량 고유저항)

③ 일반적으로 고유저항이라 하면 체적고유저항을 의미하며 이를 비저항(resistivity 또는 specific resistance)이라고 부른다.

④ 도전율(고유저항 역수)은 IEC에서 정한 표준연동(온도 20℃, 길이 1[m], 1[mm²]의 균일단면적을 갖는 표준연동의 저항을 $1/58[\Omega/m-mm^2]$, 밀도 $8.89[g/Cm^2]$)를 100%로 하여, 이와 비교하여 백분율로 표시한다.

⑤ 도전율 $\rho = \dfrac{1}{58} \times \dfrac{100}{C} [\Omega/\mathrm{m}-\mathrm{mm}^2]$

여기서,

도전율 $C[\%]$와 고유 저항 ρ 사이 $\rho = \dfrac{1}{58} \times \dfrac{100}{C} [\Omega/\mathrm{m}-\mathrm{mm}^2]$

⑥ 도전율은 일반적으로 재질의 순도가 높을수록 크고 다른 원소의 함유율이 증가할수록 저하하는 경향이 있다.

3. 오옴의 법칙(Ohm's law)

① 도선 내에서 전하가 이동하면 그 반대 방향으로 전류가 흐르는데 이는 도선중에 전계가 가해져서 전하에 힘이 작용하기 때문이다. 그러므로 도선에 연속적으로 전류를 흘리려면 도선 양단에 전위차를 가하여 도선 중에 항상 전계가 생성되도록 하면 된다.

② 즉, 도선에 전류가 흐르고 있으면 도선상의 두 점 사이에는 전위차가 생기며, 이 전위차와 전류는 아래의 관계가 성립한다.

③ $V = IR$

여기서 V : 전위차[V]

R : 저항[Ω]

I : 전류[A]

④ 이러한 관계식은 Ohm이 실험적으로 조사하여 유도하였으므로 이 관계식을 Ohm의 법칙이라 한다.

4. 배율기(Multiplier)

① 【그림 1】과 같이 전압측정 범위를 확대시키기 위하여 사용되는 직렬저항을 배율기라 한다.

② $V_R = \dfrac{(r_a + R)}{r_a} V$

여기서,

V_R : 측정하려는 전압 V : 전압계 전압

r_a : 전압계의 내부저항 R : 배율기의 저항

③ 전압계의 지시 전압치(V)로써 전압을 측정할 수 있는데 여기서 $(r_a + R)/r_a$를 배율기의 배율이라 한다.

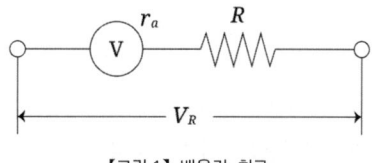

【그림 1】 배율기 회로

5. 분류기(Shunt)

① 【그림 2】와 같이 작은 눈금의 전류계를 가지고 큰 전류를 측정할 수 있는 장치를 분류기라 한다.

② $i = \dfrac{(r_a + r_s)}{r_s} i_1$

여기서,
- i : 측정하려는 전류
- i_1 : 전류계를 통하여 흐르는 전류
- i_2 : 분로를 통하여 흐르는 전류
- r_a : 전류계의 저항
- r_s : 분류저항

③ 전류계에 흐르는 작은 전류와 저항값을 이용하여 큰 부하 전류치를 측정할 수 있다. 이때 $(r_a + r_s)/r_s$를 분류기의 배율이라 한다.

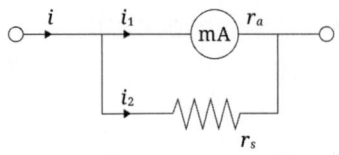

【그림 2】분류기 회로

6. 주울의 법칙(Joule's law)

① 저항 $R[\Omega]$의 전선에 전류 $I[A]$를 $t[초]$ 동안 흘릴 때 공급되는 전기에너지를 표시하는 것을 전력량이라 하며, 그 단위를 $[J]$ 또는 $[Wh]$로 표시한다.

② $I[A]$의 전류가 흐른다면 매초 $I[C]$의 전하가 통과하게 되므로
$P = VI = I^2 R \ [J/sec]$ 만큼의 일을 하게 된다.

③ 1[J]은 0.24[cal]의 열량에 해당하므로 이 일로 인하여 매초 당 발생하는 열량은
$W = 0.24 I^2 R \ [cal/sec]$가 되며 t초 동안에 발생하는 전 열량은
$H = W \cdot t = I^2 R t \ [J] = 0.24 I^2 R t \ [cal]$가 된다.

④ 이때 발생하는 열량을 Joule열(Joule heat)이라 하며 이의 정량적 관계를 나타내는 식을 Joule의 법칙이라 한다.

7. 정전유도(Electrostatic induction)

① 대전되지 않은 절연도체 가까이에 대전체를 접근시키면 가까운 부분에 대전체와 이종의 전기가, 먼 부분에 동종의 전하가 생긴다.

② 이때 발생한 ⊕, ⊖ 전하량은 서로 같으므로 대전체를 멀리 하면 전하가 중화되어 처음의 대전되지 않은 상태가 된다. 이러한 현상을 정전유도라 한다.

③ 한편 도체계에서 임의의 도체를 일정 전위(일반적으로 영전위)의 도체로 완전포위하면 내부와 외부의 전계를 완전히 차단할 수 있는데 이를 정전차폐(electrostatic shielding)라 한다.

④ 정전차폐를 행함에 있어 완전밀폐의 도체 대신 철망을 사용하기도 하고 경우에 따라서 한 줄이나 몇 줄의 도체로도 정전차폐의 효과가 있어 송전철탑상의 가공지선 혹은 건물의 피뢰침 등에 많이 사용된다.

⑤ 또한, 접지를 하지 않고 일정 전위로 유지하여도 외부 전계의 영향을 막을 수 있는데 진공관의 차폐 격자가 그 한 예이다.

8. 쿨롱의 법칙(Coulomb's Law)

① 두 개의 대전체 사이에 작용하는 힘의 방향은 그들을 연결하는 직선상에 있고 전하가 같은 종류인 경우에는 반발력이, 다른 종류일 경우에는 흡인력이 작용하며 힘의 크기는 양자 전하량의 곱에 비례하고 두 전하 사이 거리 제곱에 반비례한다. 이러한 관계를 Coulomb의 법칙이라 한다.

② 두 개의 전하를 각각 q_1, q_2, 두 전하 사이의 거리를 $\dot{r}(r, \dot{r_0})$, 전하 사이에 작용하는 힘을 $\dot{F}$ 라 하면

$$\dot{F} = K \frac{q_1 q_2}{r^3} \dot{r} \quad \cdots\cdots\cdots\cdots\cdots (1)$$

로 표시되며 이 힘을 쿨롱력(coulomb force)이라 한다.

③ 식 (1)에서 비례상수 K는 $K = \frac{1}{4\pi\varepsilon}$ 이며, ε는 전하가 놓이는 매질에 따라 다르며, 그 매질의 유전율(dielectric constant)이라 한다.

④ 진공 내에서의 쿨롱의 법칙

진공의 유전율 ε_0로 놓고 C를 빛의 속도 $2.998 \times 10^8 [\text{m/s}]$라 하면

$$\varepsilon_0 = \frac{10^7}{4\pi c^2} = 8.855 \times 10^{-12} [\text{F/m}]$$

$$\therefore \frac{1}{4\pi\varepsilon_0} \fallingdotseq 9 \times 10^9 [\text{F/m}]$$

이므로 진공 내의 쿨롱의 법칙은

$$\dot{F} = \frac{1}{4\pi\varepsilon_0} \frac{q_1 q_2}{r^3} \dot{r} = 9 \times 10^9 \frac{q_1 q_2}{r^3} \dot{r} [\text{N}] \text{ 로 된다.}$$

이 식으로부터 전하량의 단위가 정해진다.

⑤ 즉, 진공 내에 두 개의 같은 점전하를 1[m] 간격으로 놓았을 경우 두 전하 사이 작용하는 힘이 $9 \times 10^9 [\text{N}]$일 때 각각의 전하량을 1 coulomb이라 하고 기호를 [C]로 표시한다.

9. 전위(Electric potential)

① 전계 내의 한 점 A에서 점 B까지 단위 정전하를 전계에 반(反)하여 운반할 때 소요되는 일은 $V_{AB} = -\int_A^B E \cdot dl$ 가 되며

② 이 계산결과가 정(正)이면 점 B에서 단위 정전하가 가지는 위치에너지가 A에서 보다 V_{AB} 만큼 높다는 것을 의미한다.

③ 이때 우리는 점 B는 점 A보다 전위가 V_{AB} 만큼 높다고 하며, ' V_{AB}를 점 A에 대한 점 B의 전위, 또는 점 B와 점 A간의 전위차(Electric potential difference)라 한다.

10. 가우스 정리(Gauss' theorem)

① Gauss 정리는 정전계에 설정된 폐곡면으로부터 바깥쪽으로 방사되는 전속의 총량에 대한 정리로서, "전계를 둘러싼 임의의 폐곡면을 관통하여 외부로 나가는 전속의 총합은 이 곡면의 내부에 있는 전하의 합과 같다." 이를 그림으로 나타내면 다음과 같다.

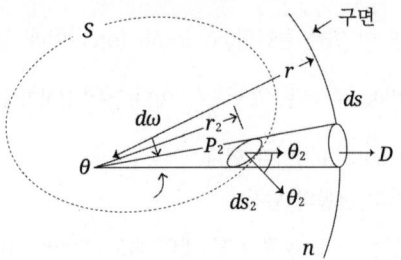

【그림 3】 Gauss 정리

② 폐곡면 S상 1점의 전속밀도가 외부로 나가려는 법선방향의 성분(normal component) D_n에 그 부분의 미소면적 ds를 곱한 것을 전폐곡면에 걸쳐 적분한 것은 이 폐곡면내에 있는 전하 Q의 총합과 같다.

$$\iint_s D_n ds = \sum Q [\text{C}]$$

또는 D_n 대신 전계의 세기가 외부로 향하려는 성분을 E_n이라 하면,

$$\iint_s E_n ds = \frac{1}{\varepsilon_0} \sum Q [\text{Vm}]$$

라는 정리를 얻는데, 이것을 Gauss의 정리라 한다.

11. 유전율(Dielectric constant, Permittivity)

① 자속밀도를 D, 전계의 세기를 E라 하면 D=εE의 관계로 나타내어지는 비례 정수는 $\varepsilon = \varepsilon_0 \cdot \varepsilon_r$ 로 표시된다.

② ε_0는 진공의 유전율로서 esu 단위계에서는 1, MKS 유리단위계에서는 $10^7/4\pi c^2$이다.

여기서 $C = 3 \times 10^8 [\text{m/s}]$이며 ε_r은 비유전율로서 그의 값은 esu 단위계에서는 유전율과 같다.

③ 비유전율은 콘덴서의 전극 간을 측정하려고 하는 유전체로 가득 찬 경우와 진공인 경우 정전용량의 비로 구한다.

12. 분극도(Intensity of polarization)

① 유전체 내에는 ⊕, ⊖ 전하가 공간적으로 연속하여 같은 전하밀도로 분포하며, 전계가 작용하지 않을 때는 중화상태로 있다고 생각된다.

② 따라서, 유전체에 전계가 작용하면 유전체 내의 임의의 미소체적 δ_V 내의 ⊕ 전하는 전계방향으로, ⊖ 전하는 전계에 반대방향으로 미소 변위하며 임의의 체적 δ_V 표면의 양단에는 동일한 양의 ⊕, ⊖ 분극전하가 나타나 쌍극자로 된다.

③ 이 쌍극자 모멘트를 δ_P 라 하면 단위체적당 쌍극자 모멘트 $\dot{P}$는

$$\dot{P} = \lim_{\delta_V \to 0} \frac{\delta_P}{\delta_V} [\text{C} \cdot \text{m/m}^3] = [\text{C/m}^2] \text{ 로 표시된다.}$$

④ $\dot{P}$의 방향은 전계의 방향이며 그 크기는 전계의 세기에 비례한다고 가정하면 $\dot{P} = \lambda E [\text{C/m}^2]$로 놓을 수 있다.

⑤ 이때, λ를 분극률(polarizability) 또는 전기감수율(electric susceptibility)이라 한다.

13. 전속밀도 (Density of electric flux)

① 진공 내에서의 어느 점에서 전하의 체적밀도를 ρ, 그 점의 전계의 세기를 $\dot{E}$라 하면

$$\text{div } \dot{E} = \frac{\rho}{\varepsilon_0} [\text{V/m}^2]$$

Gauss 정리의 미분형이 성립한다.

② 그러나, 일반적으로 유전체 내에서는 진전하 ρ외에 분극 $\dot{P}$에 의한 분극전하 $-\text{div } \dot{P}$가 분포한다. 그러므로 $-\text{div } \dot{P}$를 고려하면 유전체는 진공으로 바꾸어 놓을 수 있으므로 전하가 진공 내에 $\rho - \text{div} \dot{P}$의 밀도로 체적분포라 하고 위의 관계를 그대로 적용하면

$$\text{div } \dot{E} = \frac{1}{\varepsilon_0}(\rho - \text{div} \dot{P}) [\text{V/m}^2]$$

이것을 이항 정리하면 $\text{div}(\varepsilon_0 \dot{E} + \dot{P}) = \rho [\text{C/m}^3]$로 된다.

③ 여기서, 새로이 $\dot{D} = \varepsilon_0 \dot{E} + \dot{P} [\text{C/m}^3]$를 정의하면 이 $\dot{D}$를 전속밀도라 한다.

이것을 넣고 다시 정리하면 $\text{div } \dot{D} = \rho [\text{C/m}^3]$ 또는 $\nabla \cdot D = \rho$가 된다.

14. 접촉 전위차(Contact potential difference)

① 각부의 온도가 균등한 동봉과 아연봉을 접촉시키면, 그 사이에 약 0.75[V]의 전위차가 나타난다. 이를 접촉 전위차라 한다.

② 동 또는 아연과 같은 금속의 내부에 존재하는 자유전자는 원자의 인력을 받고 있으나 각 방향에서의 힘이 서로 상쇄되는 반면에 표면에 가까운 전자는 작용하는 힘의 불균형으로 내부로 끌리게 된다. 동(Cu)막대와 아연(Zn)막대를 접촉할 경우 접촉면에 가까운 전자는 그 금속의 내부로 향하는 힘과 상대금속으로 향하는 힘을 받는다.

③ 자유전자와 원자사이의 결합력은 동이 아연보다 강하므로 전자는 아연에서 동으로 접촉면을 통하여 이동한다. 점차 아연에는 전자가 부족하고 동은 전자가 많아지므로 아연이 동에 비하여 높은 전위가 된다.

④ 이 전위차는 전자의 이동을 방해하는 작용을 하므로 임의의 전위차에 도달하면 전자이동이 정지되는 평형상태에 도달한다. 이렇게 발생된 접촉 전위차는 온도와 두 금속의 종류에만 관계하고 그 모양이나 크기에는 무관하다.

⑤ 아래 표는 상온(18℃ 전후)에서 두 금속간 접촉 전위차를 나타낸 것이다.

【표 1】 접촉 전위차

소재	접촉전위차[V]	소재	접촉전위차[V]
아연(Zn)	0.21	철(Fe)	0.15
납(Pb)	0.08	동(Cu)	0.24
주석(Sn)	0.31	백금(Pt)	0.11
철(Fe)		탄소(C)	

15. 열전대(Thermo-couple)

① 서로 다른 2종의 금속선으로 【그림 4】와 같은 폐회로를 만들고 접합점 P_1을 가열하여 또 다른 접합점 P_2와의 사이에 온도차를 주면 기전력이 발생하므로 회로에는 전류가 흐른다. 이 기전력을 열기전력이라 하며, 이 전류는 열전류라 한다.

② 서로 다른 금속을 접합한 것을 열전대라 부르고 있다.
또 고온의 접합점 P_1을 열접합점이라 하며, 기타 접합점 P_2을 냉접합점이라 한다.

③ 열전대의 열기전력 E는

$$E = \alpha \triangle t + \frac{\beta}{2} \triangle t^2 \text{ 으로 표시된다.}$$

여기서, E : 열기전력
$\triangle t$: 열접합점과 냉접합점과의 온도차
α, β : 열전대를 구성하는 2금속의 특유한 정수

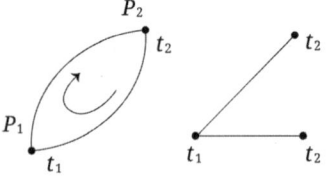

【그림 4】 열전대의 열기전력

16. 열전효과(Thermo-electric effect)

① Seebeck 효과, Peltier 효과, Thomson 효과와 같이 열과 전기의 관계로 나타나는 것을 포괄하여 열전효과라 한다.

② Seebeck 효과는 2종류의 금속으로 폐회로를 만들고, 두 접합점에 온도차를 주면 기전력이 발생하여 전기가 흐르는 현상으로서 열전온도계는 이 현상을 이용, 열전류의 크기에 의해 온도를 측정하는 것이다.

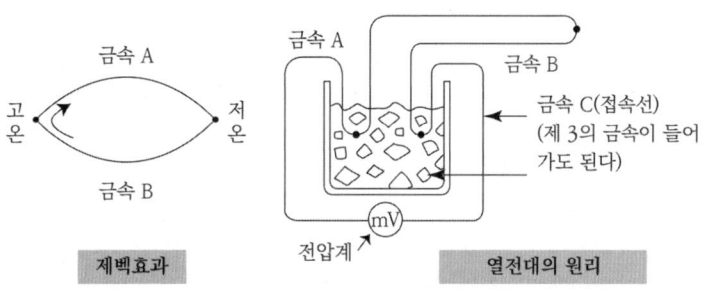

【그림 5】 열전효과

③ Peltier 효과는 Seebeck 효과의 반대현상으로 서로 다른 두 금속을 접합시킨 회로에 전류를 흘릴 때 접합부에서 열이 발생하거나 흡수되는 현상이다.

④ 열전효과는 가역적이고 회로에 통하는 전류의 방향을 반대로 하면, 열의 발생과 흡수가 반대로 된다.

⑤ Thomson 효과는 같은 모양인 금속선의 일부에 온도차가 있을 경우 여기에 전류를 흘리면 그 온도의 차이점에서 열이 발생하거나 흡수되는 현상이다.

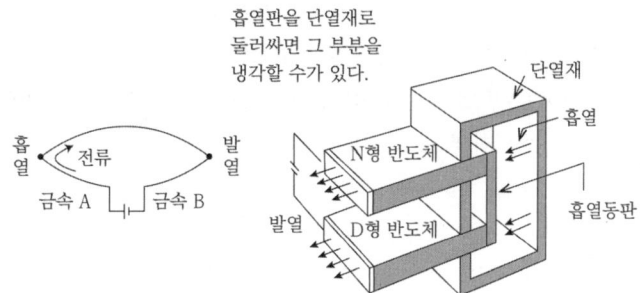

【그림 6】 펠티어 효과에 의한 전자냉각의 원리

2 전기 일반

17. 자기유도(Magnetic induction)

① 어떤 물질을 자계 내에 놓으면 그 양단에 자극이 생긴다. 이때 그 물질은 자화되었다 하며 이 현상을 자기유도라 한다.

② 이렇게 자화되는 물질을 자성체라 하는데 【그림 7】-(a)에서와 같이 자화되는 물체를 상자성체(paramagnetic substance), 【그림 7】-(b)와 같이 자화되는 물체를 역자성체(diamagnetic substance)라 하며 특히 상자성체중 자화의 정도가 커서 강한 자극이 나타나는 물체를 강자성체(ferromagnetic substance)라 한다.

③ 한편, 어떠한 물체를 강자성체 물질로 공간을 두고 둘러싸면 대부분의 자속은 자성체 내부를 통과하므로 내부물체의 자계는 외부 자계에 비하여 대단히 적어진다. 이러한 현상을 자기차폐(magnetic shielding)라 한다.

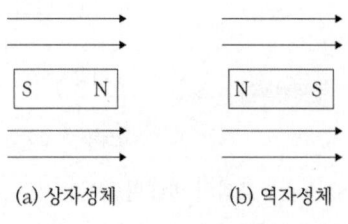

【그림 7】 자기유도

18. 자기포화곡선(Magnetic saturation curve)

① 자화되어 있지 않은 철에 자계 H를 가하여 점점 자계를 세게 하면 자구가 회전을 시작하므로 이에 따라 자화의 세기 J가 점점 커지는데 그 모양은 【그림 8】과 같이 초기에는 H에 비하여 비교적 서서히 증가하나(oa), 그 한계를 넘으면 급격히 증가된다.

② 그러나 (ab) 이곳을 지나면 J의 증가는 차차 적어져 그 이상 증가하지 않고 포화상태에 이른다. 그리고 μ_0는 극히 작은 값이므로 자속밀도 B는 J와 거의 동일하게 변화한다.

③ 이와 같은 곡선을 자화곡선이라 하는데 실용상으로는 J와 H의 관계보다 B와 H의 관계가 더 많이 사용되며 이 곡선을 특히 $B-H$ 곡선이라고도 한다.

④ 이 곡선은 자성체의 포화과정을 표시한다고 볼 수 있으므로 자기포화 곡선이라 한다. 철과 같은 강자성체에서는 B와 H 사이에 정비례 관계가 성립되지 않으므로 B/H로 주어지는 투자율 μ도 일정하지 않고 H에 따라 변한다.

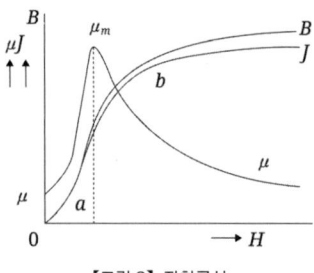

【그림 8】 자화곡선

19. 자기히스테리시스(Magnetic hysteresis)

① 강자성체를 자화할 경우 자기포화 현상에 의해 B, H 사이에는 비례성이 없을 뿐 아니라 자화의 세기가 자성체에 작용하는 현재의 자계에 의하여 가역적으로 정하여지지 않고 현재의 자화상태에 도달하기까지 경력에 따라 대단히 달라진다.

② 이러한 현상을 자기히스테리시스라고 한다. 아래의 【그림 9】와 같이 자화경력이 전혀 없는 철을 자화하는 경우 B, H 관계는 시초에는 o→a→e로 되나 e의 포화상태에서 자계를 감해 주면 e→a에 따라 돌아오지 않고 e→f→g에 따라 변화한다.

③ 자계를 +Hm과 -Hm 사이에서 순환적으로 변화시키면 B는 e→f→g→h→I→j→e의 환선을 따라 변화한다. 이 환선을 자기히스테리시스 곡선(hysteresis loop)이라 한다. 자계의 변화범위가 적을 때에도 마찬가지이다.

④ 즉, a의 상태에서 H를 약간 감소시켰다가 a의 상태까지 다시 증가시키면 B는 a, b, c, d처럼 작은 곡선을 따라 변화한다. 그리고 그림에서 보는 바와 같이 자계 H가 0이 되어도 B는 Br = of 만큼 남는데 이 Br을 잔류자속밀도(remnant flux density)라고 하며 Hc = og를 보자력(coercive force)이라 한다.

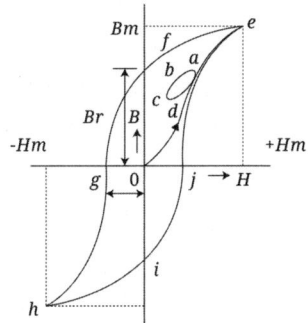

【그림 9】 자기 Hysteresis Loop

20. 투자율(Permeability)

① 자성체의 자화의 세기 J는 자성체내의 자계 H에 비례하므로 $J = xH$ 라 할 수 있다. 여기서 비례상수 x를 자화율(Susceptibility)이라고 하는데 이 x는 자성체의 재질에 따라 정해진다.

② 자속밀도 B는 $B = \mu_0 H + J = \mu_0 H + xH$가 되고, 여기서 $\mu_0 + x = \mu$라고 하면 $B = \mu H$의 관계가 성립되는데 이 μ를 자성체의 투자율이라 한다. 그리고 이 μ와 진공중의 투자율 μ_0와의 비 즉, $\mu_r = \dfrac{\mu}{\mu_0} = 1 + \dfrac{x}{\mu_0}$를 그 자성체의 비투자율(relative permeability)이라 하고,

$\dfrac{x}{\mu_0}$를 비자화율(relative susceptibility)이라 한다.

③ 강자성체 이외의 물질에 대하여는 투자율 μ, 자화율 x가 일정 상수로 취급되지만 강자성체에서는 자기포화현상으로 일정 불변의 상수가 되지 못한다.

21. 자속밀도(Magnetic flux density)

① 자성체내의 자속에 따라 자성체의 내부에는 자계 H에 의한 자력선과 자화의 세기 J에 의한 자화선이 동시에 존재하게 되며 자성체에 따라 달라진다. 그러므로 이들을 종합하여 $B = \mu_0 H + J = (\mu_0 + x)H = \mu H$의 새로운 벡터량 B를 생각함으로써 자성체의 종류에 관계없이 자계 분포를 일률적으로 취급할 수 있게 된다.

② 이 B를 자속밀도 혹은 자계유도도(magnetic induction)라 한다. 그러므로 자속밀도란 단위면적당의 자속수로서 단위는 $[\text{Wb}/\text{m}^2]$ 또는 테슬러(tesla, T)를 사용한다.

22. 자기회로(Magnetic circuit)

① 자성체에 의해 자속이 지나가 쉽게 한 통로를 자기회로라 한다.

② 투자율 μ인 자성체 중의 자계강도를 H, 자속밀도를 B, 자속을 Φ, 단면적을 S, 길이를 l로 하여 전기회로의 전류와 전위차에 대해 자속과 자위차를 대응시켜

[자위차] $= Hl$,

[자속] $= \Phi$의 비를 생각하면 $\dfrac{Hl}{\Phi} = \dfrac{Hl}{BS} = \dfrac{Hl}{\mu HS} = \dfrac{l}{\mu S}$

이것을 자기저항이라 한다.

③ 또 Hl의 전위차 F를 만드는데 코일전류에 의한다면 주회적분의 법칙에 따 $Hl = NI = F$ 만큼의 암페어 회수가 필요하다. 이것은 기전력에 대응할 수 있으므로 NI를 기자력이라 한다.

23. 오른나사의 법칙(Right handed screw rule)

① 전류에 의한 자계의 방향에 관하여 "전류가 오른나사의 진행 방향으로 흐르면 자계는 그 나사의 회전 방향으로 발생하고 전류가 나사의 회전방향으로 흐르면 자계는 그 진행 방향으로 생긴다."고 하였다.

② 이를 오른나사의 법칙(right handed screw rule)이라 하며 이를 도시하면 아래 그림과 같다.

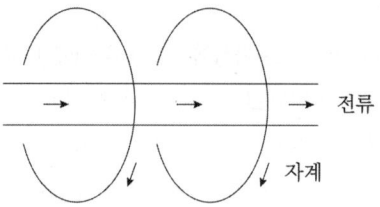

【그림 10】 오른나사의 법칙

③ 오른나사의 법칙을 다른 말로 표현하면 "오른손 주먹의 엄지손가락을 세운 상태에서 주먹을 쥐었을 때 엄지손가락 방향으로 전류가 흐르면 다른 네 개의 손가락이 도는 방향으로 자력선이 생기며, 또 솔레노이드를 오른손으로 쥐었을 경우 네 손가락 방향으로 전류가 흐르면 엄지손가락 방향으로 자력선이 발생한다."고 할 수 있는데 이를 Ampere의 오른손 법칙(right hand rule)이라 한다.

24. 암페어의 주회적분법칙(Ampere's circuital law)

① 【그림 11】과 같이 I의 전류 회로와 쇄교하는 임의의 폐곡선 C를 따라 단위 정자극을 운반할 경우 전류와 등가인 막대자석 NS에 의한 자계를 H라 하고 폐곡선 C 위의 두 점 A, B를 등가 막대자석의 양면에 극히 가깝게 잡으면 곡선 C_1을 따라 A에서 B까지 단위 정자극을 운반하는 데 소요되는 일은 $W = \int_{C_1} H \cdot dl$이 된다.

② 막대자석 양측의 2점 A, B 간의 자위차는 점 A, B를 면에 무한히 접근시킬 경우이므로

$$U = \frac{K}{\mu_0} \cdot I$$

$$\int_{C_1} H \cdot dl = \int_{C_1 + C_2} H \cdot dl$$

$$\oint_C H \cdot dl = \frac{K}{\mu_0} \cdot I \text{ 이다.}$$

③ MKS 단위계에서는 $\frac{K}{\mu_0}$가 1이 되도록 자계의 단위를 정하므로 적분로 C와 N개의 전류가 쇄교할 경우

$$\oint H \cdot dl = NI$$

의 관계식이 성립하는데 이 식은 전류와 자계의 관계를 양적으로 결부시키는 중요한 기본 정리의 하나로 Ampere의 주회적분 법칙이라 한다.

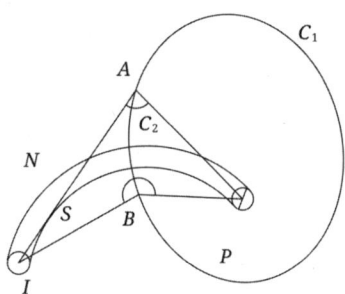

【그림 11】 Ampere의 주회적분

25. 비오-사바아르의 법칙(Biot-Savart's law)

① 【그림 12】와 같이 전류 I가 흐르는 폐회로 C 중 미소부분 $AB(=dl)$에 의한 임의의 점 P의 자계는

$$dH = \frac{1}{4\pi} \cdot \frac{I \sin\theta}{r^2} dl \, [\text{AT/m}]$$

로 주어지며 그 방향은 점 P와 dl로 결정되는 면에 수직으로 오른손법칙에 따르게 되는데 이를 Biot-Savart의 법칙이라 한다.

② 따라서, 임의의 전류 도선 전체에 의한 임의 점 P의 자계는

$$H = \int_l dH = \frac{I}{4\pi} \int_l \frac{\sin\theta}{r^2} dl \, [\text{AT/m}]$$

로 주어진다.

여기서 $r[\text{m}]$는 선소 $dl[\text{m}]$과 점 P 사이의 거리이며, θ는 전류 방향과 r이 이루는 각도, $l[\text{m}]$은 도선 전체의 길이이다.

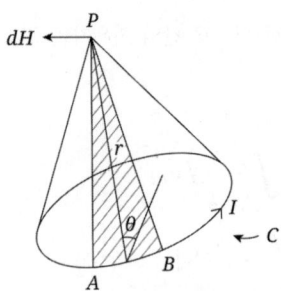

【그림 12】 전류 도선에 의한 P점의 자계

26. 플레밍의 법칙(Fleming's law)

가) 플레밍의 왼손법칙

① 전류와 자계 간 작용하는 힘의 방향을 결정하는 법칙으로 그 힘의 방향은 전류와 자계의 양자에 대하여 수직이다. 또한 전류, 자계 및 힘의 세 방향은 왼손계를 형성한다.

② 이 관계를 알기 쉽게 설명하면 왼손의 엄지손가락, 둘째 손가락 및 가운데 손가락을 서로 직각이 되도록 폈을 때 "가운데 손가락을 전류, 둘째 손가락을 자계의 방향으로 잡으면 엄지손가락 방향으로 전자력이 가해진다."

③ 이때 전자력 $F[\text{N}]$는 자화력 $H[\text{AT/m}]$, 자속밀도 $B[\text{Wb/m}]$, 자계 중의 도체길이 $l[\text{m}]$, 전류 $I[\text{A}]$, 자계와 도체(전류)가 이루는 각을 θ라 하면 다음 식과 같이 된다.

④ $F = BIl\sin\theta \, [\text{N}]$

이러한 관계를 Fleming의 왼손 법칙이라 하고 전동기에 적용된다.

나) 플레밍의 오른손법칙

① 자계 내에서 도체가 운동을 할 때 유기되는 기전력의 방향을 결정하는 법칙으로서 이들의 방향 관계를 오른손을 이용하여 편리하게 표시할 수 있다.

② 즉, 오른손의 엄지손가락, 둘째 손가락 및 가운데 손가락을 서로 직각이 되도록 하면 엄지손가락은 도체의 운동 방향을, 둘째 손가락은 자속의 방향을, 가운데 손가락은 기전력의 방향을 나타내는데 이러한 관계를 Fleming의 오른손 법칙이라 하고 발전기에 적용된다.

③ 기전력 $E[\text{V}]$는 자속밀도 $B[\text{Wb/m}]$, 도체 운동속도 $v[\text{m/s}]$, 자계와 도체(전류)가 이루는 각을 θ라 하면 다음 식과 같다.

④ $E = Bvl\sin\theta \, [\text{V}]$

27. 인덕턴스(Inductance)

① 환상 전류 $I_1, I_2, I_3 \cdots$ 등의 전류계에서 지금 I_1과의 자속 쇄교회수 Ψ_1을 생각해 보면 이것은 I_1 자체에 의한 자속과 $I_2, I_3 \cdots$ 등에 의한 자속이 합하여진 것으로, 쇄교회수는 I_1에 비례하므로 그 비례 상수를 L_1이라 하고 또 $I_2, I_3 \cdots$ 에 의한 자속쇄교 회수는 각각 $I_2, I_3 \cdots$ 에 비례하게 되므로 그 비례상수를 $M_{12}, M_{13} \cdots$ 라고 하면 다음의 관계가 성립한다.

$$\Psi_1 = L_1 I_1 + M_{12} I_2 + M_{13} I_3 + \cdots \text{ 같은 방법으로}$$

$$\Psi_2 = M_{21} I_1 + L_2 I_2 + M_{23} I_3 + \cdots \text{ 가 된다.}$$

② $I_3, I_4 \cdots$ 와의 자속쇄교회수도 마찬가지로 생각할 수 있으며 전류계 전체에 저장되는 자계에너지는

$$W = \frac{1}{2}(I_1 \Psi_1 + I_2 \Psi_2 + \cdots)$$

$$= \frac{1}{2}(L_1 I_1^2 + M_{12} I_1 I_2 + M_{21} I_2 I_1 + L_2 I_2^2 + M_{23} I_2 I_3 + \cdots)$$

가 된다.

③ 이들 $L_1, L_2, L_3 \cdots$ 의 계수는 각각 자속 쇄교회수와 그 자속을 만드는 전류와의 비로서 인덕턴스라 하는데 이들은 전류 회로의 모양, 크기 등의 기하학적인 요소 및 회로 주위의 매질 등에 의하여 정하여지는 상수이다. 여기서 L_1을 회로 I_1의 자기인덕턴스(self inductance) M_{12}를 I_1 회로와 I_2 회로와의 상호인덕턴스(mutual inductance)라 한다.

④ 즉, 한 회로의 자기 인덕턴스란 그 회로에 단위전류가 흐를 때 이 전류가 만드는 자속과 전류와의 자속쇄교 회수이며 두 회로 간의 상호 인덕턴스란 한 회로의 단위 전류에 의한 자속이 다른 회로와 쇄교하는 자속쇄교 회수라고 정의할 수 있다.

28. 자기유도(Self induction)

① 코일에 흐르는 전류가 변화하면 그에 따라 자속이 변화하므로 전자유도에의해 코일 내에 유도 기전력이 생긴다. 이를 자기유도라 한다.

② 권수 n인 코일의 인덕턴스 L은 여기에 흐르는 전류를 i[A], 자속을 ϕ[Wb]라 하면 $L = \frac{n\phi}{i}$[H]가 되나 코일을 통과하는 자속에 변화가 있으면 이것을 방해하려는 방향으로 전류를 흐르도록 하는 유도기전력 e가 코일 단자에 유기되므로

$$e = -L\frac{di}{dt} = -n\left(\frac{d\phi}{dt}\right) \text{[V]가 된다.}$$

29. 상호유도(Mutual induction)

유도적으로 결합되어 있는 두 개의 회로에서 제1회로에 흐르는 전류가 변화하면 다른 회로에 쇄교하는 자력선 수가 변화하므로 제2회로에 유도전류가 생긴다. 이러한 현상을 상호유도라 한다.

30. 결합계수(Coupling coefficient)

① 유도결합된 두 회로간의 결합의 정도를 표시하는 양을 결합계수(K)라 하며 다음 식으로 나타낸다.

$$K = \frac{M}{\sqrt{L_1 L_2}}$$

여기서,

M : 두 회로의 상호인덕턴스

L_1 : 회로 1의 자기인덕턴스

L_2 : 회로 2의 자기인덕턴스

② 실제적으로 K의 값은 $0 \leq K \leq 1$의 범위에 있으며 무선회로에서는 K는 0.01까지 되고 철심을 사용한 변압기에서는 0.99까지 되는 수도 있다.

③ K가 "1"에 가까울수록 밀결합(close coupling),
"0"에 가까울수록 소결합(loose coupling) 되었다고 한다.

31. 전자유도(Electromagnetic induction)

① 인접한 두 개의 회로 A, B에서 B회로에 검류계를 달고 A회로에 전지와 개폐기를 연결한 후 개폐기를 닫아 A회로에 전류를 흐르게 하면 순간적으로 B회로에 전류가 흐르게 된다.

② 이 경우 A회로의 전류는 계속하여 흐르지만 B회로의 전류는 곧 소멸된다. 이와 같은 현상은 개폐기를 끊는 순간이나 A회로를 닫고 A, B 두 회로를 상대 운동시킬 경우에도 마찬가지이다. 이는 B회로와 쇄교(interlink)하는 자속수가 변화함에 따라 B회로에 기전력이 유기되기 때문이다.

③ 이러한 현상을 전자유도라 하며, 이때 발생하는 유도전류는 원인이 되는 자속의 변화를 막는 방향으로 발생한다.

④ 어떠한 장치를 강자성체 도체로 포위하였을 때 표피효과가 충분히 크면 외부에 자계 혹은 전계가 있어도 이 전계, 자계는 도체 내부에 있는 장치에 미치지 못한다. 이를 전자차폐(electromagnetic shielding)라 한다.

32. 렌쯔의 법칙(Lenz's law)

① 자계를 시간적으로 변화시키면 폐회로에 전류를 흐르게 하는 기전력을 일으킨다고 말할 수 있다.

② 이것을 식으로 표현하면 $emf = -\dfrac{d\Phi}{dt}$가 된다.

여기서 식의 부(-)의 부호는 이 기전력에 의해서 흐르는 전류가 일으키는 자속이 원자속에 합쳐질 때 기전력의 크기를 감소시키도록 기전력의 방향이 정해진다는 것을 표시한다.

③ 다시 말하면 유도기전력은 원자속과 반대방향의 자속을 일으키게 되며 이것을 Lenz의 법칙이라 한다.

33. 회전자계(Rotating magnetic field)

① 【그림 13】과 같은 3개의 같은 코일을 서로 공간적으로 120°의 각도를 두고 배치하고 여기에 대칭 3상 교류를 흘릴 때

$$i_1 = I_m \sin \omega t,$$

$$i_2 = I_m \sin \omega t (\omega t - \frac{2}{3}\pi),$$

$$i_3 = I_m \sin \omega t (\omega t - \frac{4}{3}\pi)$$

각 코일에는 그림에 표시한 방향으로

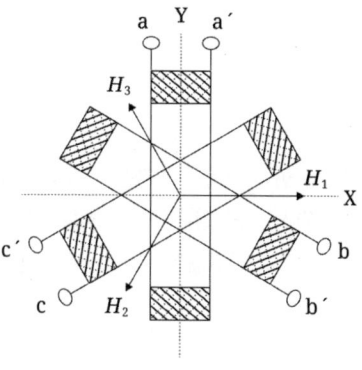

【그림 13】 회전자계

$$h_1 = H_m \sin \omega t,$$

$$h_2 = H_m \sin \omega t (\omega t - \frac{2}{3}\pi),$$

$$h_3 = H_m \sin \omega t (\omega t - \frac{4}{3}\pi)$$

의 자계를 만든다.

② 이것을 x축 및 y축의 성분 H_x, H_y로 분리하면

$$H_x = h_1 + h_2 \cos(-\frac{2}{3}\pi) + h_3 \cos(-\frac{4}{3}\pi)$$

$$= h_1 - h_2 \cos \frac{\pi}{3} - h_3 \cos \frac{\pi}{3}$$

$$= H_m [\sin \omega t - \sin(\omega t - \frac{2}{3}\pi)\cos \frac{\pi}{3} - \sin(\omega t - \frac{4}{3}\pi)\cos \frac{\pi}{3}]$$

$$= \frac{3}{2} H_m \sin \omega t$$

$$H_y = h_2 \sin\left(-\frac{2}{3}\pi\right) + h_3 \sin\left(-\frac{4}{3}\pi\right)$$

$$= h_3 \sin\frac{\pi}{3} - h_2 \sin\frac{\pi}{3}$$

$$= H_m \left[\sin\left(\omega t - \frac{4}{3}\pi\right) - \sin\left(\omega t - \frac{2}{3}\pi\right)\right] \sin\frac{\pi}{3}$$

$$= \frac{3}{2} H_m \cos \omega t$$

따라서 H_x, H_y에 의한 합성자계 H는

$$H = \sqrt{H_x^2 + H_y^2} \angle \tan^{-1}\frac{H_y}{H_x}$$

$$= \frac{3}{2} H_m \angle \tan^{-1}(\cot \omega t)$$

$$= \frac{3}{2} H_m \angle \left(\frac{\pi}{2} - \omega t\right) \text{가 된다.}$$

③ 즉, 합성자계의 크기는 한 코일에서 생기는 자계 최대값의 3/2배로 항상 일정하고 교류의 각속도와 같은 회전속도를 가진다. 이와 같은 회전자계를 원형 회전자계라 한다.

④ 회전자계의 방향을 바꿔주기 위해서는 어느 두 코일의 전류의 방향을 반대로 해주면 된다.

34. 와전류(Eddy current)

① 금속 등의 도체판에 변화하는 자속을 투과시키면 【그림 14】-(a)에서와 같이 오른 나사의 법칙에 의하여 자속이 통과하는 방향과 직각인 평면상에 자속을 중심으로 동심원상으로 전류가 흐른다. 이와 같은 전류를 와전류라 한다.

② 즉, 철심 등을 괴상으로 만들고 이에 교번자속을 통과시키면 철심에는 와전류가 흐르고 이 전류로 인하여 와류손이 발생하여 철심 온도상승의 원인이 된다.

③ 따라서, 전기기기의 철심에는 와류손을 적게 하기 위하여 얇은 철판을 절연하여 겹쳐서 사용한 성층철심을 사용한다. 【그림 14】-(b) 와류손은 동일한 철심의 단면적에 대하여 성층하는 철심의 두께에 비례하는 것으로 알려져 있으며 최대자속밀도를 B_m, 주파수를 f라 할 때 와류손 $P_e = \alpha f^2 B_m^2$ 의 관계가 있다.

④ 와전류는 손실뿐 아니라 이 원리를 이용하여 맴돌이 전류제동, 유도 전기로 등에 응용되는데 와전류를 일명 맴돌이 전류라고도 한다.

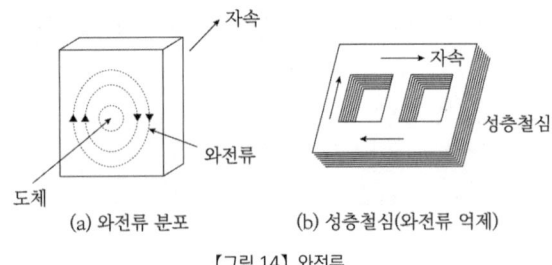

(a) 와전류 분포　　(b) 성층철심(와전류 억제)

【그림 14】 와전류

35. 근접효과(Proximity effect)

① 많은 도체가 근접해 배치되어있는 경우, 각 도체에 흐르는 전류의 크기 방향 및 주파수에 따라 각 도체의 단면에 흐르는 전류의 밀도분포가 변화하는 현상을 근접효과라 한다.

② 표피효과(skin effect)는 근접효과의 일종으로 한 가닥의 도체일 경우이고, 근접효과는 2가닥 이상의 평행도체에서 볼 수 있는 현상으로 주파수가 높을수록 또 도체가 가까이 배치되어 있을수록 현저하게 나타난다.

③ 양 도체에 같은 방향의 전류가 흐를 경우 바깥쪽의 전류밀도가 높아지고 그 반대인 경우에는 서로 인력이 발생하여 가까운 쪽으로 전류밀도가 높아진다.

36. 전자에너지(Electromagentic energy)

① 전계 및 자계의 세기가 각각 E, H인 공간내의 한 점 P의 단위체적 중에는 전계에너지 $\frac{1}{2}\varepsilon E^2 [\text{J/m}^3]$와 자계에너지 $\frac{1}{2}\mu H^2 [\text{J/m}^3]$가 분포된다. 여기서 ε, μ는 그 공간 매질의 유전율 및 투자율이다.

② 전계와 자계가 공존할 경우에는 단위체적에 대하여

$$W = \frac{1}{2}(\varepsilon E^2 + \mu H^2) \ [\text{J/m}^3]$$

의 에너지가 존재하게 되는데 이를 전자에너지라 한다.

③ 만일 E, H의 전자계가 평면파를 이루고 광속 $C[\text{m/s}]$로 전파된다면 진행방향에 수직되는 단위면적을 단위시간에 통과하는 에너지는

$$P = \frac{1}{2}(\varepsilon E^2 + \mu H^2) \cdot C[\text{W/m}^2] 로 주어진다. 그런데$$

$$C = \frac{1}{\sqrt{\varepsilon\mu}}, \ H = \frac{E}{\sqrt{(\mu/s)}} 의 관계가 있으므로$$

$P = E \cdot H[\text{W/m}^2]$ 만큼의 전자에너지가 단위면적을 통하여 진행방향으로 흐르고 있음을 알 수 있다.

④ 평면파인 경우 E와 H는 수직이므로 [EH]는 벡터 E와 H의 외적의 크기가 된다. 따라서 $R = E \times H[\text{W/m}^2]$는 전자계 내의 한 점 P를 통과하는 전자에너지 흐름의 면적밀도를 표시하는 벡터이며 이때 E, H와 R은 오른손법칙에 따른다.

⑤ 이 벡터 R을 Poynting 벡터 또는 방사벡터(radiation vector)라 한다. 따라서 면 S를 통하여 매초에 흐르는 전자에너지는

$$P = \iint_S R \cdot nds = \iint_S [\text{EH}] \cdot nds \ [\text{W}]$$

로 주어지는데 이 관계를 Poynting의 정리라 한다.

2 전기 일반

37. 교류기전력(Alternating electromotive force)

① 전하는 전위가 높은 점으로부터 낮은 점으로 이동하는데 전하를 이동시키는 원인이 되는 힘을 기전력이라 한다.

② 1'쿨롱'의 전하를 1'주울'의 에너지로 이동시킬 수 있는 전위차를 단위로 하여 1'볼트'라 한다. 이러한 기전력 중에서 일정한 주기를 가지고 시간에 따라 변화하는 기전력을 교번기전력 또는 교류기전력이라 한다.

③ 시간에 따라 정현적으로 변화하지 않는 기전력일지라도 '푸리에' 급수로 전개하면 정현파인 여러 성분파로 분석할 수 있다. 교류기전력은 일정한 자속밀도 $B[Wb/m^2]$를 가지는 자계 내에서 권선수가 n인 '코일'을 일정한 각속도 $\omega[rad/sec]$로 회전시키거나 혹은 회전자계를 이용하여 발생시킬 수 있다. 이때 기전력 e는 다음과 같이 표시된다.

$$e = -\frac{d(n\psi)}{dt} = nsB\omega\sin(\omega t - \theta)$$
$$= E_m\sin(\omega t - \theta)$$

여기서, S : 코일의 단면적, $E_m = nsB\omega$이다.

④ 상기 식에서 e는 시간에 따라서 변하는 기전력의 값이므로 기전력의 순시치, E_m을 최대치라 하고 이와 같은 정현파 기전력의 주기를 T[초]라고 하면 1초 동안에 몇 번이나 같은 모양의 진동을 하는가를 주파수(f)라 하는데 $f = \frac{1}{T}[cycle/sec]$이 된다. 한편 $\omega T - \theta$를 기전력의 위상각이라 한다.

38. 위상(Phase)

① $e = E_m\sin(\omega t + \theta)$의 교류를 생각할 경우 $\omega t + \theta$를 위상이라 하며 θ는 t = 0 일 때의 위상이므로 초기위상(initial phase)라 한다. 그러나 주파수가 일정한 교류회로에서는 일반적으로 θ만이 문제가 되므로 θ만을 위상이라고도 한다.

② 【그림 15】와 같이 $e = E_m\sin\omega t$의 기전력에 대하여 $i = I_m\sin(\omega t - \theta)$의 전류가 흘렀을 때 그 위상의 차 $\omega t - (\omega t - \theta) = \theta$를 위상차라고 한다.

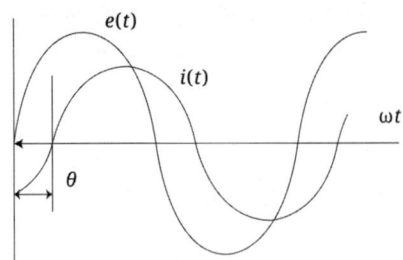

【그림 15】 $e(t)$와 $i(t)$간의 위상차

③ e는 i보다 위상이 θ만큼 앞선다(lead) 또는 진상이라고 하고, i는 e보다 위상이 만큼 뒤진다(lag) 혹은 지상이라고 하며, e와 i의 위상이 같은 경우 동상(in phase)이라고 한다.

39. 실효값과 평균값(Root mean square & Mean value)

① 교류기전력 또는 교류전류의 크기는 진폭을 알면 정해지나 그 순간치는 시간에 따라 변하므로 진폭만 가지고 그 크기를 정하면 실용상 불편할 때가 많다.

② 정현파 교류에 있어서는 그 크기를 실효치로 표시하는데 이는 순간치의 제곱 평균의 제곱근으로 정의된다.

③ 즉, 정현파 교류전류의 순간값을 $i = I_m \sin \omega t$ 라고 표시하면 그 실효값은

$$|I| = \sqrt{\frac{1}{T} \int_0^T I_m^2 \sin^2 \omega t \, dt}$$

$$= \frac{I_m}{\sqrt{2}} = 0.707 \, I_m$$

가 되며 시간과 관계가 없게 된다. 따라서 교류에 있어서 V, A라고 하는 것은 모두 이 실효값을 의미한다.

④ 정현파 교류의 한 주기의 평균을 취하면 0이 되므로 순간치가 정(正)또는 부(不)가 되는 반주기의 평균을 취하여 이것을 정현파 교류의 평균값이라 하는데 이 정현파 교류의 평균값은

$$I_{av} = \frac{2}{T} \int_0^{\frac{T}{2}} I_m \sin \omega t \, dt$$

$$= \frac{2}{\pi} I_m = 0.637 \, I_m$$

이 된다.

⑤ 그러나, 오랜 시간에 대한 교류의 평균치는 0이 되므로 교류 전압계 또는 교류 전류계로는 측정할 수 없으므로 정현파 교류에 있어서 평균치는 그다지 사용되지 않는다.

40. 파형률과 파고율(Form factor & Crest factor)

① 비정현파의 모양을 예상하기 위하여 실효치나 최대치만으로는 불충분하므로 다음 식으로 표시되는 파형률과 파고율을 사용한다.

$$파형률 = \frac{실효값}{평균값}$$

$$파고율 = \frac{최대값}{실효값}$$

② 다음 【표 2】와 같이 구형파는 파형률, 파고율이 모두 1이며 파형이 뾰족해질수록 1보다 크게 된다.

③ 정현파는 최대치가 I_m이면 그 실효값은 $I = \frac{I_m}{\sqrt{2}}$, 평균치는 $I_{av} = \frac{2}{\pi}I_m$ 이므로

$$파형율 = \frac{\frac{I_m}{\sqrt{2}}}{\frac{2I_m}{\pi}} = \frac{\pi}{2\sqrt{2}} ≒ 1.11$$

$$파고율 = \frac{I_m}{\frac{I_m}{\sqrt{2}}} = \sqrt{2} ≒ 1.414 \text{ 가 된다.}$$

④ 파형의 찌그러진 정도를 나타내는 경우 왜형률(distortion factor)이 사용되는데 다음과 같이 정의된다.

$$왜형률 = \frac{고조파의 실효값}{기본파의 실효값}$$

【표 2】 파형률과 파고율

명칭	파 형	실효값(V_{rms})	평균값(V_{avg})	파형률	파고율
정현파 (전파)		$\frac{V_m}{\sqrt{2}}$	$\frac{2V_m}{\pi}$	$\frac{\frac{V_m}{\sqrt{2}}}{\frac{2V_m}{\pi}} = 1.11$	$\frac{V_m}{\frac{V_m}{\sqrt{2}}} = \sqrt{2}$
정현파 (반파)		$\frac{V_m}{2}$	$\frac{V_m}{\pi}$	$\frac{\frac{V_m}{2}}{\frac{V_m}{\pi}} = \frac{\pi}{2}$	$\frac{V_m}{\frac{V_m}{2}} = 2$
구형파 (전파)		V_m	V_m	1	1
구형파 (반파)		$\frac{V_m}{\sqrt{2}}$	$\frac{V_m}{2}$	$\frac{\frac{V_m}{\sqrt{2}}}{\frac{V_m}{2}} = \sqrt{2}$	$\frac{V_m}{\frac{V_m}{\sqrt{2}}} = \sqrt{2}$
삼각파 (톱니파)		$\frac{V_m}{\sqrt{3}}$	$\frac{V_m}{2}$	$\frac{\frac{V_m}{\sqrt{3}}}{\frac{V_m}{2}} = \frac{2}{\sqrt{3}}$	$\frac{V_m}{\frac{V_m}{\sqrt{3}}} = \sqrt{3}$

41. 리액턴스(Reactance)

직류에서는 주파수가 0이므로 전류의 흐름을 방해하는 것은 저항뿐이었으나 교류회로에서는 자체 인덕턴스 L 및 정전용량 C에 의한 리액턴스가 추가된다. 이 중 L에 의한 리액턴스를 유도성 리액턴스(inductive reactance), C에 의한 것을 용량성 리액턴스(capacitive reactance)라 한다.

가) 유도성 리액턴스

$L[H]$의 자기 인덕턴스를 주파수 $f[Hz]$의 교류회로에 사용할 경우 리액턴스 X_L는 $X_L = 2\pi f L [\Omega]$로 표시된다. 따라서 유도성 리액턴스는 f에 비례한다.

나) 용량성 리액턴스

① $C[F]$의 정전용량을 주파수 $f[Hz]$의 교류회로에 사용할 경우 리액턴스 X_C는 $X_C = \dfrac{1}{2\pi f L}$로 표시되므로 용량성 리액턴스는 f에 반비례한다.

② 동기기의 리액턴스는 주로 유도성 리액턴스로서 만일 회전자가 전기자전류에 의해 발생되는 회전기 자력의 최대치와 일치된 위치에서 이와 동일한 속도(동기속도)로 회전할 경우 기본파 자속의 최대치가 회전자와 전기자 사이를 쇄교하게 되므로 회전자의 다른 위치에서보다도 전기자의 리액턴스가 커지게 되는데 이를 동기 리액턴스(synchro-nous reactance)라고 한다.

③ 그러나, 전기자권선의 전류가 갑작스런 증가를 하면 회전자속은 증가하나 회전자와 전기자 사이의 쇄교자속은 'continuum of flux theorem'에 의하여 빠른 증가를 할 수 없게 되어 증가된 자속의 일부는 air gap을 통하여 발산하게 된다.

④ 따라서, 이때의 전기자 인덕턴스는 작아져 리액턴스 역시 작은 값을 가지는데 이를 과도 리액턴스 (transient reactance)라고 한다.

⑤ 만일, 회전자가 Damper 권선 등을 가지게 될 때는 이러한 현상이 더욱 두드러져 리액턴스가 더욱 작아지게 되는데 이를 차과도 리액턴스(subtransient reactance)라 한다.

42. 임피던스(Impedance)

① 교류회로에서 전압 V를 가할 때 I의 전류가 흘렀다고 하면 이 전압과 전류의 비 V/I를 임피던스 Z라 하고 단위는 $ohm[\Omega]$을 사용한다.

② 즉, $Z = V/I [\Omega]$가 된다.

【그림 16】과 같은 $R L C$ 직렬회로에 $V[V]$를 가할 때 $I[A]$가 흘렀다고 하면

$$Z = \frac{V}{I} = \sqrt{R^2 + (\omega L - \frac{1}{\omega C})^2}$$

이 된다.

③ 임피던스의 역수를 어드미턴스라 하며 통상 Y로 표시한다. 임피던스를 복소수 기호로 표시한 것을 벡터 임피던스(vector impedance)라 하는데 기호는 $\dot{Z}$ 또는 굵은 고딕체 등을 사용한다.

④ 【그림 16】의 벡터 임피던스 $\dot{Z}$는 다음과 같이 표시한다.

$$\dot{Z} = R + j(\omega L - \frac{1}{\omega C})$$

여기서 벡터 임피던스의 실수부는 저항, 허수부는 리액턴스라 하며 이 절대값 $|Z|$와 위상각 ϕ는 다음과 같이 표시된다.

$$|Z| = \sqrt{R^2 + (\omega L - \frac{1}{\omega C})^2} \ [\Omega]$$

$$\phi = \tan^{-1} \frac{\omega L - \frac{1}{\omega C}}{R}$$

그리고 $\dot{Y} = \frac{1}{\dot{Z}}$를 벡터 어드미턴스라 한다.

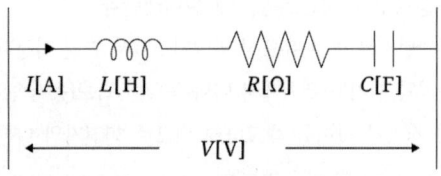

【그림 16】 직렬회로의 임피던스

43. 어드미턴스(Admittance)

① 임피던스의 역수를 어드미턴스라 하며 통상 Y의 기호를 쓰고 mho[℧]의 단위로 표시한다.
② 따라서, 어드미턴스는 전류의 흐르기 쉬운 정도를 나타낸다고 볼 수 있다. RLC 직렬회로가 있을 때 벡터 임피던스 $\dot{Z}$는

$$\dot{Z} = R + j(\omega L - \frac{1}{\omega C})$$

가 되므로 벡터 어드미턴스 $\dot{Y}$는

$$\dot{Y} = \frac{1}{\dot{Z}} = \frac{1}{R + j(\omega L - \frac{1}{\omega C})}$$

$$= \frac{R}{R^2 + (\omega L - \frac{1}{\omega C})^2} - j \frac{\omega L - \frac{1}{\omega C}}{R^2 + (\omega L - \frac{1}{\omega C})^2}$$

$$= G - jB \ [℧]$$

가 된다.
③ 이 경우 벡터 어드미턴스의 실수부 G를 콘덕턴스(conductance), 허수부 B를 서셉턴스(susceptance)라 한다.

④ 일반적으로 어드미턴스는 병렬회로일 때 편리하게 사용할 수 있다. 예컨대【그림 17】의 경우

$$I = (\frac{1}{R} + \frac{1}{j\omega L} + j\omega C)\,V$$ 이므로

$$Y = \frac{1}{R} - j(\frac{1}{\omega L} - \omega C) = G - jB$$

로 간단히 알 수 있다.

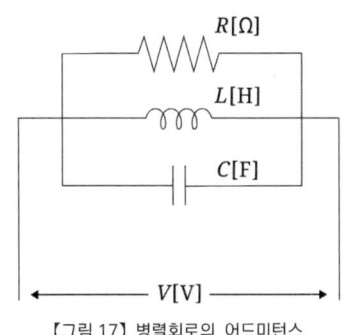

【그림 17】병렬회로의 어드미턴스

44. 직렬공진(Series resonance)

① RLC 직렬회로에서 임피던스 Z는 $Z = R + jX = R + j(\omega L - \frac{1}{\omega C})$가 된다.

여기서, $\omega L = \frac{1}{\omega C}$ 이면 $Z = R$이므로 Z의 값이 최소가 되어 이 회로에 흐르는 전류 I는 최대가 된다.

② 이러한, 상태를 직렬공진이라 하며 이때 주파수 $f = \frac{1}{2\pi\sqrt{LC}}$ 을 직렬공진 주파수라 한다.

45. 병렬공진(Parallel resonance)

① 인덕턴스 L과 정전용량 C의 병렬회로는 전원의 각주파수가 $\omega_0 = \frac{1}{\sqrt{LC}}$ 가 될 때 임피던스는 최대가 되고 주전류 I는 최소가 된다.

② 이 상태를 병렬공진이라 한다.

【그림 18】과 같이 코일에 저항 R이 있는 경우

$$\omega_0 = \sqrt{\frac{\frac{\sqrt{1 + 2CR^2}}{L}}{(LC) - (\frac{R}{L})^2}}$$ 일 때, 임피던스가 최대가 된다.

③ $\omega_0 = \sqrt{\frac{1}{(LC)} - (\frac{R}{L})^2}$ 일 때, E와 I가 동상이 되고 이것을 병렬공진이라고 한다.

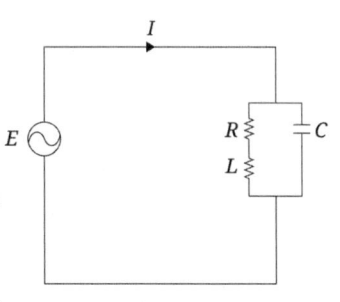

【그림 18】병렬공진

2 전기 일반

46. 유효전력(Active power)

① 교류회로에 전압 $V = \sqrt{2}\,V\sin\omega t$가 가하여지고 부하에 $i = \sqrt{2}\,I\sin(\omega t - \phi)$의 전류가 흐를 때 순시전력 P 는

$$P = vi = VI\cos\phi - VI\cos(2\omega t - \phi)$$
　　　　　　(일정전력)　(2배의 주파수로 변하는 전력)

가 된다.

② 이 상태를 그림으로 표시하면 【그림 19】와 같다. 상기 식에서 제1항은 평균치를 표시하고 제2항은 2배의 주파수로 변화하는 전력으로 평균하면 0이다.

③ 유효전력이란 실제로 일을 행하는 전력을 말하며 실제의 열소비를 행하는 전력인 상기식의 평균 전력 $P = VI\cos\phi$이다. 여기서 V, I 는 전압전류의 실효값이며 위상각은 ϕ이다. 유효전력의 SI 단위는 와트(W)로 표시하고 이 값을 10^3배한 kW를 주로 사용하고 있다.

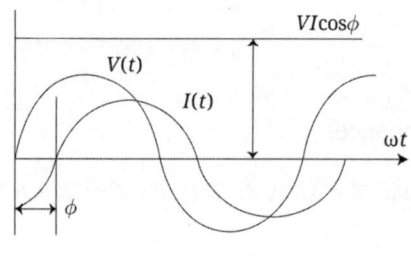

【그림 19】 교류전력

47. 무효전력(Reactive power)

① L 또는 C에 교류전류를 흘릴 때와 같이 전원에서의 에너지의 전달이 반주기마다 교번하여 실제로는 어떤 일도 행하지 않으며 열소비를 일으키지 않는 전력을 말한다.

② 교류전압의 실효치를 V, I 라 하고 위상각을 ϕ라 하면 피상전력은 VI가 되고 유효전력 및 무효전력은 각각 $VI\cos\phi$ 및 $VI\sin\phi$로 표시된다.

③ 이를 Vector도로 표시하면 【그림 20】과 같다.

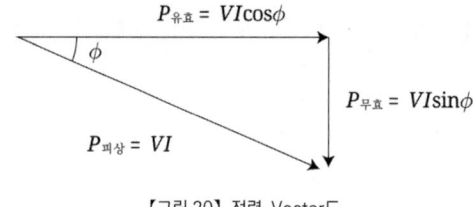

【그림 20】 전력 Vector도

48. 역률(Power factor)

① 교류에서 전류와 전압과의 사이에 위상차가 있으면 전력은 전류와 전압의 곱과 같지 않고 전력이 항상 작다. 실제 전류 및 전압의 실제치의 곱에 어떤 인수(factor)를 곱한 것이다. 이 인수는 회로의 종류에 따라 다른데, 이 인수를 그 회로의 역률(Power factor, 약어로 P.F)이라 한다.

② 전력을 소비하는 부하에 대해서는 부하의 역률(Power factor of load)이라 한다. 즉, 전력 $P[\text{W}]$, 전류의 실효치를 $I[\text{A}]$, 전압의 실효치를 $E[\text{V}]$라 하고 정현파 전류와 전압 사이의 위상차를 θ라 하면,

$$pf = \frac{P}{EI} = \frac{EI\cos\theta}{EI} = \cos\theta$$

③ 따라서, 전류와 전압이 정현파인 경우 역률은 $\cos\theta$로 표시된다. 이와 같은 이유로 θ를 그 회로 또는 부하의 역률각(power factor angle)이라 한다. 이러한 역률은 보통 percentage[%]로 나타내며, 부하에 따라 그 값이 다른데 아래 【표 3】은 그 일례이다.

④ 송배전 계통 또는 유도전동기의 역률이 지상인 경우 이의 역률을 1에 가까이까지 또는 진상으로 끌어올리는 것을 역률개선이라 하며, 송배전계통의 경우 조상기 또는 정전 condenser를, 유도전동기의 경우에는 2차여자 또는 condenser에 의해 역률개선을 행한다.

【표 3】 각종 부하의 역률

부하의 종류			역률개수		(%) 무부하	용량계수
			전부하	반부하		
유도전동기	삼상	1[HP](4P 농형저압)	82	68	16	-
		10[HP](6P 권선형저압)	86	72	14	
		100[HP](8P 〃)	86	72	11	
		100[HP](20P 〃)	80	66	6	
	단상	1/8 HP(분상)	62	43	21	-
		1/4 HP(반발)	66	45	18	
		1/2 HP(반발)	72	54	17	
전등		백열 전등	-	100	-	5[W]~10[kW]
		A R C 등		30~70		1~3[kW]
		N E O N 등		40~50		30~150[kW]
		고압 수은등		50		300[W]
		형 광 등		60		20[W]
가정용		탁상용 선풍기	-	65~75	-	40[W]
		천정용 선풍기		50~75		100~150[W]
가타잡		교류 ABC 용접기	-	30~40	-	5~20[kW]
		교류저항용접기		65		1~50[kW]
		A R C 등		85		100~1,000[kW]
		저주파 유도등		60~80		50~500[kW]
		X - RAY 장치		40~35		1~10[kW]

49. 고조파(Harmonics)

① 주기가 T인 비 정현파 $y(t)$를 푸리에 급수로 전개하면

$$y(t) = b_0 + \sum_{n=1}^{\infty} A_n \sin(n\omega t + \theta_n)$$ 이 된다.

여기서,

$$\omega = 2\pi f = \frac{2\pi}{T}$$

$$b_0 = \frac{1}{T} \int_0^T y(t)\, dt$$

$$A_n = \sqrt{a_n^2 + b_n^2}$$

$$\theta_n = \tan^{-1} \frac{b_n}{a_n}$$

$$a_n = \frac{2}{T} \int_0^T y(t) \sin n\omega t\, dt$$

$$b_n = \frac{2}{T} \int_0^T y(t) \cos n\omega t\, dt$$

이다. 상기 식에서 b_0는 비 정현파 $y(t)$의 한 주기(T)에 대한 평균치이므로 이것은 직류분을 표시한다.

② $A_1 \sin(\omega t + \theta_1)$은 비 정현파와 동일한 주파수 f를 가지는 순 정현파로서 기본파(fundamental wave)라 하며 $2f$, $3f$, … 의 주파수의 순 정현파들을 순차로 제2고조파(second harmonics) 제3고조파(third harmonics) …라 하는데 기본파를 제외한 교류분을 원 파형의 고조파(harmonics)라 한다.

③ 그런데 대칭파에서는 '푸리에' 급수 전개 시 기수파만이 존재하게 된다. 이중 특히 제3 및 제5고조파는 선로의 불평형 및 기기의 가열 등의 원인이 되므로 이의 발생 억제에 많은 관심을 기울이고 있다.

50. 왜형파(Distorted wave)

① 교류발전기의 유도기전력이 정현파로 되기 위해서는 각순시마다 전기자권선이 자속을 끊는 비율을 정현적으로 해주어야 하는데, 이것은 매우 곤란하며 특히 전기자 반작용 때문에 역률이 나쁠 때 자극면 자속분포는 한쪽으로 기울어지게 되며, 무부하에서는 기전력 파형이 정현파일지라도 저역률 부하 시 정현파형으로부터 다소 뒤틀려지게 된다.

② 이와 같이 뒤틀려진 파형을 왜형파(distorted wave)라 하고, 정현파가 아닌 모든 파형은 이에 속한다.

③ 왜형파 교류는 많은 정현파 교류의 합으로 표시할 수 있으며, 왜형파 회로에서는 상이 주파수의 각 전원별 파형의 중첩의 원리가 성립한다. 즉, 각 고조파마다 별개의 Impedance를 생각하여 전류를 구하고 그것을 중첩하면 된다.

④ 아래 【그림 21】과 같은 RLC 직렬회로에

$$V = V_{1m}\sin(\omega t + \theta_1) + V_{2m}\sin(2\omega t + \theta_2) V_{3m}\sin(3\omega t + \theta_3) + \cdots$$

를 부여했을 때 제 n 조파의 Impedance와 위상각은 각각

$$Z_n = \sqrt{R^2 + (n\omega L - \frac{1}{n\omega C})^2}$$

$$\theta_n = \tan^{-1}(\frac{n\omega L - \frac{1}{n\omega C}}{R})$$

가 되며 전류는 각각의 회로를 중첩한 것으로 생각한다.

$$i = i_1 + i_2 + i_3 + \cdots$$

$$= \frac{V_1}{Z_1}\sin(\omega t + \phi_1 - \theta_1) + \cdots + \frac{V_n}{Z_n}\sin(n\omega t + \phi_n - \theta_n)$$

⑤ 각각의 실효치는 $I_n = \frac{V_n}{\sqrt{2}\, Z_n}$ 이 되므로 전체의 실효치는

$$I = \sqrt{I_1^2 + I_2^2 + \cdots + I_n^2}$$

로 표시된다. 직류분을 포함하고 있어도 마찬가지이다.

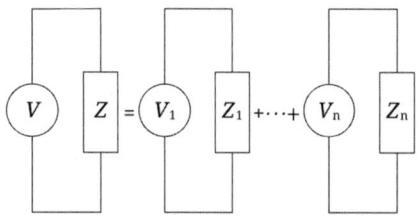

【그림 21】 왜형파 중첩계산

51. 키르히호프의 법칙(Kirchhoff's law)

폐회로망 내에서 전류 및 전압에 대한 관계식을 말하는 법칙으로 아래와 같이 제1법칙 및 제2법칙이 있다.

가) 제1법칙

① 회로망 내 임의의 한 점으로 유입하는 전류의 합은 0이다.
② 전류는 단위시간 동안의 전하의 흐름이므로 정상상태에서 한 점에 전하가 집적되는 일은 있을 수 없으므로 유입한 전류는 반드시 유출하여야 한다. 이를 키르히호프의 전류 법칙이라고도 한다.

나) 제2법칙

① 회로망 내의 임의의 폐회로에 대한 기전력의 합과 임피던스로 인한 전압강하의 합은 서로 같다.
② 이 제2법칙을 키르히호프의 전압법칙이라고도 하는데 이를 적용 시 폐회로의 방향을 임의로 정하여 이와 동일방향의 기전력과 전류는 '+' 부호로, 반대의 방향인 것은 '-' 부호로 한다.

52. 중첩의 원리(Principle of superposition)

① 다수의 기전력을 포함한 회로망 중 1회로의 전류는 각기전력이 각각 단독으로 존재할 때 그 회로에 흘러드는 전류의 대수합과 같다. 이를 중첩의 원리라 한다.
② 입력 A일 때의 출력 C, 입력 B일 때 출력 D로 되는 회로망에 있어서, 입력이 $A+B$라면 출력이 $C+D$가 되는 경우에 중첩의 원리가 성립한다고 한다. 특히 회로이론에 있어서 다수의 기전력을 포함하는 회로망의 각부전류는 각 기전력이 단독으로 인가될 때에 흐르는 전류를 중첩한 것과 같다.
③ 이 원리는 선형회로에 대해서만 성립한다. 예로서 아래 【그림 22】와 같은 회로망에서 $\dot{E}_1$, $\dot{E}_2$ 두 기전력이 있을 경우 $\dot{E}_1$, $\dot{E}_2$ 각각의 기전력만이 있는 회로를 중첩한 것과 동일한 현상을 보인다.
④ 따라서, 부하 Z_L에 흐르는 전류 $\dot{I}_L$은 각각의 기전력에 의한 $\dot{I}_2$와 $\dot{I}_1$의 합으로 중첩된다.

$$\dot{I}_1 = \frac{\dot{E}_1}{Z_2 + \frac{Z_1 Z_3}{(Z_1 + Z_3)}} \times \frac{Z_2}{Z_2 + Z_3}, \quad \dot{I}_2 = \frac{\dot{E}_2}{Z_2 + \frac{Z_1 Z_3}{(Z_1 + Z_3)}} \times \frac{Z_1}{Z_1 + Z_3}$$

$$\dot{I}_L = \dot{I}_1 + \dot{I}_2 = \frac{\dot{E}_1 Z_2 + \dot{E}_2 Z_1}{Z_1 Z_2 + Z_2 Z_3 + Z_3 Z_1}$$

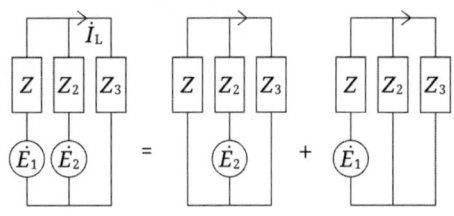

【그림 22】 중첩의 원리

53. 테브난의 정리(Thevenin's theorem)

① 【그림 23】-(a)에서 단자 a, a' 및 b, b'로부터 본 2개 회로의 등가임피던스를 각각 $\dot{Z}_A$ 및 $\dot{Z}_B$라 하면 단자 a, a'의 최초 전위차는 $V_{aa'}$, 단자 b, b'의 전위차가 0일 경우 【그림 23】-(b)와 같이 단자 a와 b, a'와 b'를 접속할 때 이 단자를 통해 흐르는 전류 I는 다음 식으로 주어진다.

$$I = \frac{V_{aa'}}{Z_A + Z_B}$$

이를 Thevenin의 정리라 한다.

② 같은 【그림 23】-(a)에서 단자 b, b'의 전위차가 0이 아닌 $V_{bb'}$일 경우 그림과 같이 단자를 접속한 후 흐르는 전류 $\dot{I}$ 와 최후에 생성되는 전위차 $\dot{V}$ 는 각기 다음 식으로 주어진다.

$$\dot{I} = \frac{V_{aa'} - V_{bb'}}{Z_A + Z_B}$$

$$\dot{V} = \frac{Z_B V_{aa'} + Z_A V_{bb'}}{Z_A + Z_B}$$

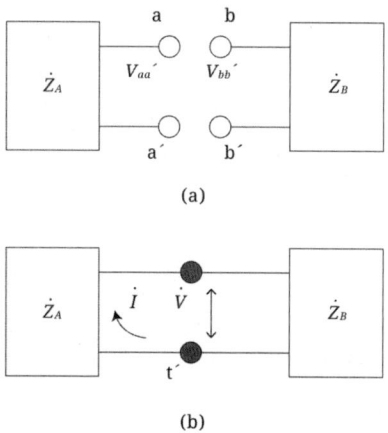

【그림 23】 테브난 등가회로 구성

54. 노오톤의 정리(Norton's theorem)

① 복잡한 실제적 문제를 해결함에 있어 Thevenin의 정리를 적용하면 종종 등가회로망의 임피던스 Z_i를 결정하는 것이 곤란한 경우가 있다. 이와 같은 경우 【그림 24】-(a), (b), (c)에서와 같이 개로전압 E_0를 단락전류 I_{sc}로 나누어 Z_i의 값을 구하는 편이 계산이나 실험적 측정에도 훨씬 편리하다.

② 【그림 24】-(a)에서 개로전압 E_0는 Thevenin의 법칙 적용으로 최초로 구한 개로전압과 같고 【그림 24】-(b)에서 단락전류 I_{sc}는 출력단자를 저항 0의 도체로 결합할 때 이 단락회로에 흐르는 전류이다.

③ 【그림 24】-(c)는 전회로망 및 부하의 등가회로를 나타낸 것이다.

또한 Norton의 법칙으로 부하전류 I_L 을 식으로 쓰면,

$$I_L = \frac{E_0}{(\frac{E_0}{I_{sc}}) + Z_c} \text{ 가 된다.}$$

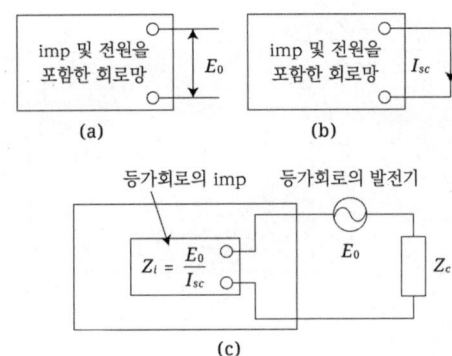

【그림 24】 노오톤 등가회로 구성

55. 밀만의 정리(Millman's theorem)

① 내부 임피던스를 가진 전압원이 여러 개 병렬로 연결되어 있을 경우 그 병렬접속점에 나타나는 합성전압은 각각의 전원을 단락하였을 때 흐르는 전류의 총합을 각각 전원의 내부 어드미턴스의 총합으로 나누어 준 것과 같다.

② 각각의 전원을 단락하였을 때 흐르는 전류의 총합 I 는

$$I = \frac{E_1}{Z_1} + \frac{E_2}{Z_2} + \cdots + \frac{E_n}{Z_n}$$

$$= Y_1 E_1 + Y_2 E_2 + \cdots + Y_n E_n = \sum_{k=1}^{n} Y_k E_k \text{ 이고}$$

③ 각각의 전원 내부 어드미턴스의 총합 Y 는

$$Y = \frac{1}{Z_1} + \frac{1}{Z_2} + \cdots + \frac{1}{Z_n}$$

$$= Y_1 + Y_2 + \cdots + Y_n = \sum_{k=1}^{n} Y_k \text{ 이다.}$$

③ 전력계통 기본

1. 송전방식(Features of Transmission System)

① 송전방식에는 전력전송을 교류로 하느냐 직류로 하느냐에 따라 교류 송전방식과 직류 송전방식으로 구분되는데 특별한 경우를 제외하고는 모두 교류방식을 택하고 있다.

② 교류 송전방식은 주파수가 50[Hz]와 60[Hz]가 있으며, 주파수가 커지면 각종기기의 규모가 작아지는 이점이 있어 60[Hz]를 많이 사용하고 있다.

③ 또한, 상수에 의해 단상(Single Phase)식과 다상(Poly Phase)식으로 구분되며 다상식이 단상에 비해 전송전력이 커지는 이점이 있어 대부분 3상식을 채용하고 있다.

④ 【표 1】은 각종 송전방식에 대한 전송전력을 비교 계산한 표인데 3상 송전방식이 타방식에 비해 전력이 큼을 알 수 있다.

【표 1】 각종 송전방식과 송전전력

송전방식	송전전력	선조당 송전전력	
		송전전력	비율
직류 2선식	VI	$\dfrac{VI}{2}$	100
단상 2선식	$VI\cos\phi$	$\dfrac{VI\cos\phi}{2}$	100
2상 4선식	$2VI\cos\phi$	$\dfrac{VI\cos\phi}{2}$	100
2상 3선식	$\sqrt{2}\,VI\cos\phi$	$\dfrac{\sqrt{2}\,VI\cos\phi}{3}$	94
3상 3선식	$\sqrt{3}\,VI\cos\phi$	$\dfrac{\sqrt{3}\,VI\cos\phi}{3}$	115
3상 4선식	$\sqrt{3}\,VI\cos\phi$	$\dfrac{\sqrt{3}\,VI\cos\phi}{4}$	87
4상 4선식	$4\dfrac{V}{2}VI\cos\phi$	$\dfrac{VI\cos\phi}{2}$	100
대칭 n상 n선식	$n\dfrac{V}{2}VI\cos\phi$	$\dfrac{VI\cos\phi}{2}$	100

여기서, V : 선간전압, I : 선전류, $\cos\phi$: 역률

⑤ 중성선은 다른 선과 동일한 굵기이다. 【표 2】는 단상2선식과 3상3선식에 대한 전류의 크기, 전선저항, 단면적 등을 계산한 비교표인데 3상이 단상에 비해서 유리함을 알 수 있다.

③ 전력계통 기본

PART 01 기초 이론

【표 2】단상2선식과 3상3선식의 비교

송전방식		단상2선식	3상3선식	비 교
동일 전력 손실	전 류	$I_1 = \dfrac{P}{V\cos\phi}$	$I_3 = \dfrac{P}{\sqrt{3}\,V\cos\phi}$	$\dfrac{I_1}{I_3} = \dfrac{\sqrt{3}}{1}$
	저 항	$P_l = 2I_1^2 R_1$	$P_l = 3I_3^2 R_3$	$\dfrac{R_1}{R_3} = \dfrac{3I_3^2}{2I_1^2} = \dfrac{1}{2}$
	단면적	$R_1 = \rho\dfrac{l}{A_1}$	$R_1 = \rho\dfrac{l}{A_3}$	$\dfrac{A_1}{A_3} = \dfrac{R_3}{R_1} = \dfrac{2}{1}$
	중 량	$G_1 = 2A_1 l\sigma$	$G_3 = 3A_3 l\sigma$	$\dfrac{G_1}{G_3} = \dfrac{2A_2}{3A_3} = \dfrac{4}{3}$
동일 전선 굵기	전력손실	$P_{l1} = 2I_1^2 R$ $= 2\left(\dfrac{P}{V\cos\phi}\right)^2 R$	$P_{l3} = 3I_1^2 R$ $= 3\left(\dfrac{P}{\sqrt{3}\,V\cos\phi}\right)^2 R$	$\dfrac{P_{l1}}{P_{l3}} = 2$
동일 전선 총중량	전력손실	$P_{l1} = 2I_1^2 R$ $= 2\left(\dfrac{P}{V\cos\phi}\right)^2 R$	$P_{l3} = 3I_1^2 \left(\dfrac{2}{3}R\right)$ $= 2\left(\dfrac{P}{V\cos\phi}\right)^2 \left(\dfrac{2}{3}R\right)$	$\dfrac{P_{l1}}{P_{l3}} = \dfrac{4}{3}$

여기서,

ρ : 전선의 체적저항율, σ : 전선의 비중, P : 전력, P_l : 전력손실,

l : 긍장, A : 전선단면적, R : 전선 1선당 저항이며,

⑥ 계산조건은 동일한 전력, 긍장, 전력손실일 때이다. 또 각상에 여러 개의 전선 즉, 도체군(bundle conductor system)을 구성하는 3상 다도체 방식이 있다.

⑦ 우리나라에서는 1968년도에 154[kV] 2도체방식을 시발로 해서, 345[kV] 4도체 방식을 거쳐 765[kV] 6도체 방식까지 운용 중에 있다. 다도체방식은 전선의 Inductance는 감소하고, 정전용량은 커지므로 고유송전용량이 증가되며, 전선표면의 전위경도를 감소하여 Corona 개시전압이 높아지므로 잡음장해 등을 억제할 수 있으며 또한 안정도가 증진되는 등의 이점이 있어 초고압송전방식에 널리 사용되고 있다.

2. 직류송전(Direct Current Power Transmission)

① 직류송전방식이란 발전소에서 생산된 교류전력을 대용량 정류기를 이용하여 직류전력으로 변환하여 송전한 후 수전점에서 이를 교류로 재변환(inversion)하여 부하측에 공급하는 방식을 말한다.

② 송전전압이 높아지면 절연이 큰 문제로 대두되는데 같은 전압의 교류(실효치)와 직류의 절연을 비교하여 보면 절연은 직류가 교류에 비해서 1/2배가 되고, 직류 송전용량은 교류의 역률 100%에 상당하는 전류를 흘릴 수 있어 대용량 송전에 유리하다.

3. 전선로(Power Line)

① "전선로라 함은 발전소, 변전소, 개폐소 및 이와 유사한 곳과 전기사용 장소 상호간의 전선 및 이를 지지하거나 보장하는 공작물로 한다."로 전기설비기술기준령에 규정하고 있다.

② 이것은 전선로에 가설된 전선뿐이 아니고 지지물이나 지중송전선의 외함까지도 포함하고 있다. 전선로는 가공선방식과 지중방식으로 분류되며 가공선방식은 전선과 이의 지지물로, 지중선로는 지하에 cable을 포설해서 각각 공급한다. 가공선방식의 지지물은 전주(주입목주, concrete주, 철주)와 철탑등이 있으며, 애자는 주로 현수애자가 사용되고 있다.

③ 시가지 가까운 곳에 가공선방식으로 설치하기가 곤란한 경우 지중선으로 설치되는데 이 지중선은 도시의 미관을 해치지 않고 풍수해로부터 고장도 적어 전력공급의 신뢰도가 높은 대신 건설비가 고가이며, 가공에 비하여 송전용량이 적고, 건설공기가 길어지는 결점이 있다.

④ 가공선으로 도서지방에 전력을 운송할 경우 가공지지물을 건설하기 곤란할 때는 해저에 cable을 포설한다. 이것을 해저지중선이라고 하며, 우리나라에서는 1979년도에 66[kV]로 전남신안지구에 긍장 4.8[km] OF cable을 건설해서 육지로부터 이 지역에 전력을 공급하고 있다. 이외에 지중선의 일종으로 금속관내에 절연가스인 SF_6를 삽입한 관로기중케이블(compressed gas insulated cable)이 있는데 절연내력이 높고 유전체손이 없으며 온도변화에도 송전용량이 제한을 받지 않는 등의 이점이 있다.

4. 송전전압(Transmission Power Voltage)

① 발전소에서 발전된 교류전력을 발전소에서 멀리 떨어진 수요지까지 전송할 때, 동일전력을 수송할 경우 송전전압이 낮으면 전류가 커지므로 전선이 굵어져야 하며, 전류의 증대로 송전선로의 전력손실이 증가된다.

② 반대로 송전전압이 높으면 전류가 적어지므로 전선의 굵기가 감소하고 전력 손실도 줄어든다.

③ 우리나라의 송전전압은 154[kV], 345[kV]가 주종을 이루고 있으며, 1996년부터는 765[kV] 송전선로를 건설하여 2002년부터 운전되고 있다. 일정한 전력을 일정한 거리에 운송할 경우 전력손실과 전압과의 관계는

$$P_l = 3I^2R = \frac{P^2R}{V^2\cos^2\theta}$$ 가 되어 손실은 전압의 제곱에 반비례함을 알 수 있다.

④ 그러므로 송전선로의 손실을 감소시키고 효율이 좋은 전력을 운송하려면 송전전압이 높을수록 유리하다. 또 전력손실을 일정하다고 하면 운송전력 P 는

$$P = \frac{V^2\cos^2\theta}{R}$$ 가 되어 송전전압 제곱에 비례하므로 대용량 전송이 가능하다.

⑤ 그러나 송전전압이 높아지면 선로절연 level이 높아져, 전선과 지지물과의 간격, 전선 상호간의 이격거리, 전선의 지상고 등이 다 같이 증대되므로 지지물의 규모가 커져서 고가의 건설비가 소요된다.

⑥ 이상과 같이 송전전압은 운송전력, 손실, 건설비와 상호 상관관계가 있기 때문에 송전전압 결정은 전력계통 계획 수립 시 폭넓은 검토 및 연구를 필요로 한다.

5. 경제적전압(Economic Voltage)

① 일정한 전력을 일정한 거리에 전송하게 될 경우 송전 전압을 높이면 높일수록 같은 전선로를 전송할 수 있는 전력이 증대되어 유리해질 수 있다. 그러나 전압을 높여주면 전선로라든가 접속된 각종 기기의 절연내력을 높여 주어야 하므로 어느 한도 이상이 되면 오히려 비경제적이 된다.

② 경제적 전압이란 각 전압별로 상세한 각 항목에 대하여 구체적 계산을 하여 연간의 총지출이 최소가 되는 전압을 선정하는 것인데 【그림 1】은 이와 같은 관계를 나타낸 것이다.

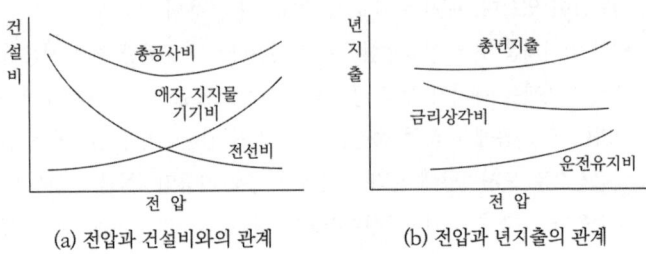

(a) 전압과 건설비와의 관계   (b) 전압과 년지출의 관계

【그림 1】경제적 송전전압의 선정

③ 경제적 전압을 구하는 방법은 여러 가지가 있으나, 그 대표적인 것은 다음 2가지 방법이다.

(가) 송전용량계산법

장거리 송전선로의 송전전압을 결정하는 방법으로서, 다음과 같다.

$$P_r = K \frac{V_r^2}{l} \, [\text{kW}]$$

여기서, P_r은 수전단 3상전력[kW], V_r은 수전단 선간전압[kV], l은 선로 긍장[km]이며, K는 송수전단 전압비, 전선의 종류 굵기 및 전선배열에 따라서 정해지는 정수로 이것을 송전용량 계수(transmission capacity coefficient)라 한다.

이 K의 값은 대체로 60[kV]급에서는 약 600, 100[kV]급에서는 800, 140[kV]급 이상에서는 1,200 정도이다.

【그림 2】는 이들을 나타내는 곡선이다.

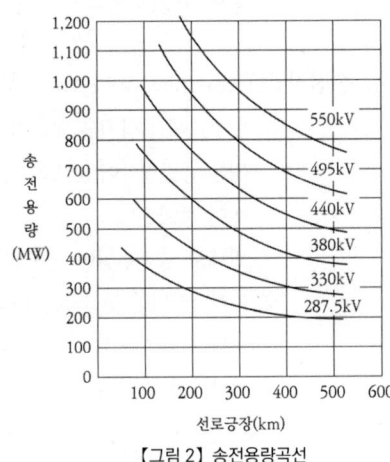

【그림 2】송전용량곡선

(나) still식

미국의 Still씨가 고안한 실험식으로,

$$송전전압[\text{kV}] = 5.5\sqrt{0.6 \times 송전거리[\text{km}] + \frac{송전전력[\text{kW}]}{100}}$$

으로 구해지는데 이 식은 중거리 송전선로의 경제적 전압을 구할 때 적합한 식이다.

6. 송전효율(Transmission Line Efficiency)

① 송전선에서는 송전단에서 운송되는 유효전력(P_s)과 수전단에서 수전하는 유효전력(P_r)과의 대수적인 차($P_s - P_r$)가 전력손실이 되는데, 이에는 전선의 저항손, 송수전단에 연결되어 있는 각종 전기기기의 손실, corona 손실 등이 있다.

② 특히 corona 손실은 선로 애자련에서 발생되는 누설전류에 의한 손실과, 기상상태 및 전선표면 전위경도나 상배열에 따라 다양하게 나타나며, 전압이 높은 송전선로일수록 커져서 초고압계에서 corona 손실이 차지하는 비중은 매우 높다. 송전효율은 송수전단 유효전력비의 백분율 즉,

$$\eta = \frac{P_r}{P_s} \times 100 [\%]$$로 표시한다.

③ 송전효율의 향상은 전선의 종류, 규격, 송전전압 및 부하조건 등이 상관관계에 있으므로 이들 모두를 충족할 수 있도록 검토하여야 한다.

7. 전압강하(Voltage Drop)

① 전압강하는 송전단전압 V_s와 수전단전압 V_r의 대수적 차($V_s - V_r$)로 표시되며 이 값은 교류 송전선로에 있어서 선로의 임피던스, 어드미턴스, 부하의 크기 및 역률에 따라서 변한다. 또 이 전압강하와 수전단전압의 백분율을 전압강하율이라고 한다.

② 즉, 전압강하율 $= \dfrac{V_s - V_r}{V_r} \times 100\ [\%]$

일반적으로 송전선로 전압강하율의 최대치는 【표 3】을 표준으로 하고 있다.

③ 그러나 경우에 따라서 15[%] 이상의 전압강하율도 있을 수 있는데 수전단 전압이 140[kV]에서는 정상송전단 전압은 154[kV]이지만 실제는 161[kV]의 전압으로 운전이 가능하기 때문이다.

④ 또 초고압 장거리송전선에 있어서 선로의 충전전류의 영향이 크므로 전압 강하율은 5[%] 정도이고 경우에 따라서는 0%(즉 $V_s = V_r$)가 되는 경우도 흔히 있다.

【표 3】전압강하율의 최대치

주간 송전선로	공칭전압에 대하여 10%
주간 송전선로 수전단에서 분기되는 분기선로 발전소간	공칭전압에 대하여 5%
변전소 또는 개폐소에 이르는 주간송전선로와 직접 접속되는 송전선로	공칭전압에 대하여 5%
발전기 전압으로 송전하는 발전소간 연결선로	공칭전압에 대하여 5%

⑤ 중거리 송전선로의 전압강하는 다음과 같이 구한다.

$$전압강하\ v = V_s - V_r = \sqrt{3}\,I(R\cos\theta_r + X\sin\theta_r)$$

$$전압강하\ \varepsilon = \frac{V_s - V_r}{V_r} \times 100 = \frac{\sqrt{3}\,I}{V_r}(R\cos\theta_r + X\sin\theta_r)$$

8. 표준전압

① 일정한 전력을 일정한 거리의 수용가에 보낼 때 가장 경제적인 전압이 있다. 그러나 송전전압을 여러 경우마다 가장 경제적인 전압을 선택하면 선로에 필요한 기계, 기구, 애자, 지지물은 모두 이 전압에 적합한 것을 사용하여야 한다.

② 따라서 송전전압의 종류가 많으면 많을수록 이러한 여러 가지 설비의 종류도 많아져서 호환성이 없을 뿐 아니라, 전력의 융통에도 불편하다. 이러한 결점을 없애기 위하여 현재는 송전전압의 종류를 줄여서 표준전압을 정하는 동시에 기계, 기구, 애자 등의 규격을 통일시키고 있다.

③ 우리나라에서 채용되고 있는 표준전압은 공칭전압으로 나타내기로 되어 있다. 그러므로 전선로의 전압을 선정함에 있어서 경제적 전압을 산출하고 이에 가까운 표준전압을 채용하여야 한다. 전선로의 공칭전압이라 함은 전선로를 대표하는 선간전압을 말한다.

④ 우리나라의 표준공칭전압(KSC, 0501)은 다음과 같다.
110[V], 220[V], 220/380[V], 440[V], 3,300[V], 3,300/5,700[V], 6,600[V], 6,600/11,400[V], 13,200[V], 13,200/22,900[V], 22,000[V], 22,000/38,000[V], 66,000[V], 154,000[V], 220,000[V], 345,000[V], 765,000[V]

9. 계통최고전압(Maximum System Voltage)

① 전압을 크게 구분하면 계통전압(System Voltage)과 과전압(Overvoltage)으로 구분되며 또 과전압의 경우 일시적 과전압(Temporary Overvoltage), 개폐과전압(Switching Over-voltage) 및 뇌과전압(Lightning Overvoltage) 등으로 나눌 수 있다.

② 계통전압이란 계통의 공칭주파수(표준 또는 기준)에서 계통의 선간 실효전압값으로 나타내며 계통 중의 선로가 대부분 이 전압으로 운전되는 것을 말하며 공칭전압(Nominal Voltage)이라고도 한다.

③ 그러나 계통의 어느 부분은 이 계통전압보다 5~10[%] 높은 전압으로 운전되는 경우가 있으며 이 전압을 계통최고전압(Maximum System Voltage)이라 한다. 이는 계통이 공칭전압하에서 운전될 때 일시적 과전압 및 과도전압 등은 포함하지 않는 것으로 한다.

④ 계통최고전압은 기기설계 시 적용 및 절연설계 시 [pu]치 등으로 나타내며 회로 최고전압(최고회로전압) 또는 회로설계전압(Maximum Design Voltage)이라고도 한다. 아래 【표 4】는 계통전압에 따른 계통최고전압을 나타내고 있다.

【표 4】 계통최고전압

계통공칭전압(kV)	계통최고전압(kV)	관련규격	계통공칭전압(kV)	계통최고전압(kV)	관련규격
3.3	3.6	IEC-38	66	72.5	IEC-38
5.7	6.2	"	154	170	"
6.6	7.2	"	345	362	ANSI C92.2
11.4	12.9	"	500	550	"
22.9	25.8	"	735~765	800	"
23	25.8	"			

10. 부하율(Load Factor)

① 전력의 사용은 시각 또는 계절에 따라서 상당히 변화한다. 수용가 또는 변전소 등에서 어느 기간 중의 평균수요전력과 최대수요전력과의 비를 백분율로 표시하여 부하율이라 부르고 있다. 이것을 식으로 나타내면,

② 부하율$(L.F) = \int_0^T \dfrac{W\,dt}{W_m t} \times 100\,[\%]$

$= \dfrac{평균수요전력}{최대수요전력} \times 100\,[\%]$

여기서, W : 어느 순간에 있어서 수요전력

W_m : 어느 기간의 최대수요전력

t : 어느 기간을 시간으로 나타낸 것

③ 부하율은 해당 전기설비를 유효하게 이용하는 정도를 나타낸 것으로 그 값은 기술혁신과 사회정세, 수요의 종별, 계절적 변화 및 기타의 요인에 따라 바뀌는데 전력공급자측으로서는 부하율이 작은 부하일 경우는 부하전력의 변동이 심하고 전력공급 설비용량도 증가함으로 비경제적으로 과도한 설비를 보유하여야 한다.

11. 수용률(Demand Factor)

① 임의 기간 중 수용가의 최대수요전력과 사용 전기설비의 정격용량의 합계와의 비를 수용률이라 한다.

② 수용률 $= \dfrac{최대수요전력}{전기설비정격용량의 합계} \times 100\,[\%]$

③ 보통 수용가의 설비에는 다소의 여유가 있고, 모든 설비가 동시에 사용되는 일도 드물게 되므로 수용률은 100% 이하가 보통이다.

④ 그러나 때로는 100[%] 이상으로 되는 일도 있다. 수용률을 측정하는 기간에 따라 동일 수요에 대해서도 다른 값이 되는데 측정기간 1년으로서 수용률을 표시하는 것이 일반적이다.

3 전력계통 기본

12. 부등률(Diversity Factor)

① 하나의 계통에 속하는 수용가 상호간, 배전변압기 상호간 및 급전선 상호간등 같은 종류의 수요를 동일군으로 한 경우 각개의 최대부하는 같은 시각에 일어나는 것이 아니고, 그 발생시각에 약간씩의 시간차가 있기 마련이다.

② 따라서 각 개의 최대수요전력의 합계는 그 군의 종합 최대수용(또는 합성최대부하)보다는 큰 것이 보통이다. 이 최대전력 발생시각 또는 시기의 분산을 나타내는 지표가 부등률이며 일반적으로 이 값은 1보다 크다.

③ 부등률 = $\dfrac{\text{각각 최대수요전력의 합계}}{\text{합성 최대수요전력}}$

④ 부등률, 수용률 및 부하율 간에는 다음과 같은 관계가 있다.

합성 최대수요전력 = $\dfrac{\text{각각 최대수요전력의 합계}}{\text{부등률}}$

$= \dfrac{\text{부하설비 정격용량의 합계}}{\text{부등률}} \times \text{수용률}$

부하율 = $\dfrac{\text{평균수용전력}}{\text{합성 최대수용전력}}$

$= \dfrac{\text{평균수용전력}}{\text{부하설비의 정격용량}} \times \dfrac{\text{부등률}}{\text{수용률}}$

13. 공급신뢰도(Supply of Reliability)

① 공급신뢰도란 전력공급 Service 향상의 기본적인 관점에서 고려된 척도로서 「전력공급 전원이 어떠한 운전상태라도 항상 전력계통의 소요개소에 적정전압 및 주파수를 유지하고, 양질의 전력을 무정전으로 수용가에게 계속해서 공급할 수 있는 확률」이라고 할 수 있다.

② 수배전설비의 공급신뢰도를 상정할 경우 설비를 구성하고 있는 각 요소의 사고확률 및 정전시간을 과거의 실적으로부터 구해야 하는데, 신뢰도의 검사 대상으로 되는 것은 우발사고의 기본이 되는 사고정지이다.

③ 지금 수배전설비의 각 data로서 각 구성 설비의 사고발생률(λ), 평균정전시간(S)을 사용하여 공급신뢰도를 아래의 식으로 구한다.

(가) 각 설비가 직렬로 접속되어있는 경우

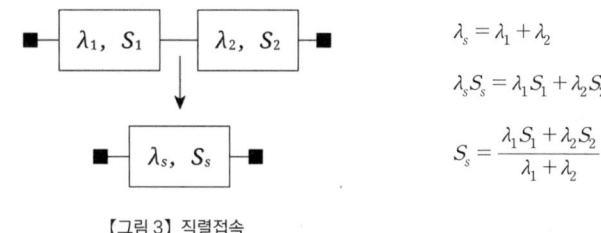

$$\lambda_s = \lambda_1 + \lambda_2$$
$$\lambda_s S_s = \lambda_1 S_1 + \lambda_2 S_2$$
$$S_s = \frac{\lambda_1 S_1 + \lambda_2 S_2}{\lambda_1 + \lambda_2}$$

【그림 3】 직렬접속

(나) 각 설비가 병렬로 접속되어있는 경우

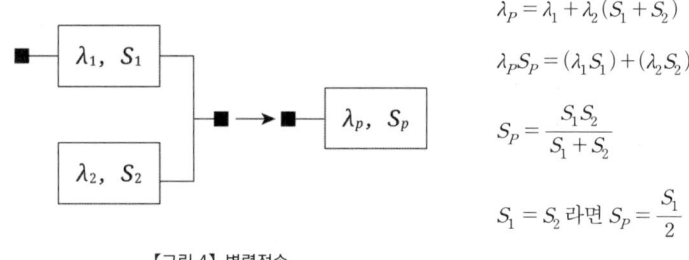

$$\lambda_P = \lambda_1 + \lambda_2 (S_1 + S_2)$$
$$\lambda_P S_P = (\lambda_1 S_1) + (\lambda_2 S_2)$$
$$S_P = \frac{S_1 S_2}{S_1 + S_2}$$
$$S_1 = S_2 \text{ 라면 } S_P = \frac{S_1}{2}$$

【그림 4】 병렬접속

③ 전력계통 기본

14. 고장계산

① 송전계통의 고장은 선로의 접촉, 단선 등이 원인이 되어 전기적 고장으로 정상운전상태의 전압, 전류가 상규치를 현저하게 넘는 경우가 발생하여 전기기기 및 선로에 기계적인 파손을 초래하고 병행통신선로에 심한 유도장해를 일으킨다.

② 고장전류의 크기에 따라 차단기의 용량, 보호 계전기의 정정, 형식 및 설치 장소를 결정하기 위하여 고장계산이 필요하며 여러가지 계산방법이 사용되고 있다.

③ 삼상단락사고는 대단히 드문 일이나 일선지락이나 상간단락에 비하여 단락전류가 크므로 차단기의 용량결정, 계전기의 기계적 충격의 추정 등의 목적으로 삼상단락전류를 계산하며 옴법(ohm법), 백분율법(percent법), 단위법(per unit법) 등이 있고, 단상부하나 단상 및 이상접지, 단락, 단선 등 삼상 불균형을 일으키는 고장계산에는 대칭좌표법이 많이 사용된다.

(가) 옴법(ohm method)

기기, 선로 등 회로 각 부분의 임피던스에 옴 값을 직접 사용하여 계산하는 방법으로, E를 회로의 성형전압 [V], Z_g를 발전기, Z_t를 변압기, Z_l을 선의 임피던스[Ω]라고 하면 삼상단락전류 I_S[A]는 다음과 같이 계산한다.

$$I_S = \frac{E}{Z_g + Z_t + Z_l} [A]$$

이 경우 각 부분의 임피던스는 기준전압 E로 환산한 것을 사용하여야 한다.

(나) 백분율법(percentage method)

기기, 선로 등의 임피던스를 %로 표시한 $\%Z$를 사용하여 계산하는 방법으로 I를 정격전류(전부하전류), E를 정격전압(성형전압)이라고 하면 다음과 같은 관계가 있다.

$$\%Z = \frac{Z[\Omega] \times I[A]}{E[V]} \times 100\%$$

$$= \frac{Z[\Omega] \times kVA[kVA]}{10 \times V^2[kV]^2} [\%]$$

$$= \frac{ZI^2}{EI} \times 100 [\%]$$

$$I_S = \frac{E}{Z} = \frac{E}{\frac{\%Z \cdot E}{100}} = \frac{100}{\%Z} \quad (I_S \text{는 3상단락전류})$$

(다) 단위법(per unit method)

$\%Z$법(백분율법)에서 100%를 없앤 값을 사용하여 계산하는 방법이다.

15. 대칭좌표법(Symmetrical Component Analysis)

① 삼상단락전류의 계산 등에서와 같이 전원, 부하가 삼상에 대하여 평형하고 있을 때는 단상회로로 귀착시켜 계산할 수 있으나 고장 시의 회로는 대칭이 아니고 비대칭으로 되는 경우가 보통이다.

② 이와 같은 불평형 삼상회로를 대칭인 3개 회로로 분해해서 그 각 평형회로에서 전압, 전류를 다루고 이것을 겹쳐서 실제의 회로를 푸는 방법이다.

$$\dot{I}_0 = \frac{1}{3}(\dot{I}_a + \dot{I}_b + \dot{I}_c)$$

$$\dot{I}_1 = \frac{1}{3}(\dot{I}_a + a\dot{I}_b + a^2\dot{I}_c) \quad \cdots\cdots\cdots\cdots\cdots (1)$$

$$\dot{I}_2 = \frac{1}{3}(\dot{I}_a + a^2\dot{I}_b + a\dot{I}_c)$$

단, a는 Vector Operator로서 다음의 값을 가지는 것이다.

$$a = \varepsilon^{j\frac{2\pi}{3}} = -\frac{1}{2} + j\frac{\sqrt{3}}{2}$$

$$a^2 = \varepsilon^{j\frac{4\pi}{3}} = -\frac{1}{2} - j\frac{\sqrt{3}}{2}$$

$$a^3 = 1, \quad 1 + a + a^2 = 0$$

③ 상기 식에서 $\dot{I}_a$, $\dot{I}_b$, $\dot{I}_c$를 구하면

$$\dot{I}_a = \frac{1}{3}(\dot{I}_0 + \dot{I}_1 + \dot{I}_2)$$

$$\dot{I}_b = \frac{1}{3}(\dot{I}_0 + a^2\dot{I}_1 + a\dot{I}_2) \quad \cdots\cdots\cdots\cdots\cdots (2)$$

$$\dot{I}_c = \frac{1}{3}(\dot{I}_0 + a\dot{I}_1 + a^2\dot{I}_2)$$

④ 그러므로 어떤 방법으로 $\dot{I}_0$, $\dot{I}_1$, $\dot{I}_2$를 알면 전류 $\dot{I}_a$, $\dot{I}_b$, $\dot{I}_c$는 위의 식에서 쉽게 계산할 수 있다.

⑤ 식 (2)에서 우변 제1항은 A, B, C 각 상에 공통으로 들어있어, 각 상에 동일한 단상전류로서 영상전류라 한다. 제2항을 보면 A상에는 $\dot{I}_1$, B상에는 $\dot{I}_1$보다 240° 앞선, 즉 120° 늦은 $a^2\dot{I}_1$이 있고, C상에는 $\dot{I}_1$보다 120° 앞선 $a\dot{I}_1$이 있다. 즉, 제2항은 대칭삼상전류를 이룬다. 이것을 정상전류라 한다.

⑥ 제3항을 보면 A상에는 $\dot{I}_2$가 있고, B상에는 $\dot{I}_2$보다 120° 앞선 $a\dot{I}_2$가 있고, C상에는 $\dot{I}_2$보다 120° 늦은 $a^2\dot{I}_2$가 있다. 즉, 제3항은 상회전이 반대인 대칭삼상전류를 이루고 있다. 이것을 역상전류라 한다.

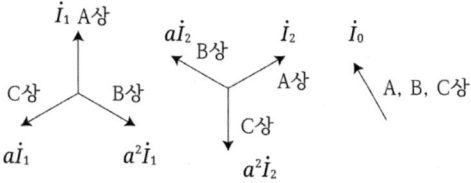

【그림 5】 정상 역상 영상

⑦ 이상은 전류에 대한 것이지만 전압도 똑같이 생각할 수 있다. 즉, 삼상 불평형전압 V_a, V_b, V_c에 대하여 그 대칭분전압, 즉 영상, 정상, 역상전압은 다음과 같다.

$$V_0 = \frac{1}{3}(V_a + V_b + V_c)$$

$$V_1 = \frac{1}{3}(V_a + aV_b + a^2V_c) \quad \cdots\cdots\cdots\cdots\cdots (3)$$

$$V_2 = \frac{1}{3}(V_a + a^2V_b + aV_c)$$

각상 전압을 대칭분으로 나타내면 다음과 같다.

$$V_a = \frac{1}{3}(V_0 + V_1 + V_2)$$

$$V_b = \frac{1}{3}(V_0 + a^2V_1 + aV_2)$$

$$V_c = \frac{1}{3}(V_0 + aV_1 + a^2V_2)$$

16. 안정도(Stability)

① 전력계통에 부하변화, 고장 등의 외란이 가해진 후 각 발전기전압이 일정 상차각을 유지하면서 동기 운전을 유지할 수 있는 정도를 안정도라 한다.
② 안정도는 외란의 크기, 발전기·송전선·부하의 접촉방법, 예를 들면 계통구성, 발전기의 특성 임피던스나 관성정수, 발전기와 부하의 전력·무효전력, 발전기 전압조정기(AVR : Automatic Vol-tage Regulator), 조속기(Governor) 등의 자동제어계통, 그 외 많은 요인에 의하여 좌우된다.
③ 일반적으로 안정도문제는 전력계통의 동기운전 문제이다. 전력계통은 다수의 동기발전기들로 구성되기 때문에 전력계통을 안정하게 운전하기 위해서는 각 발전기의 동기유지가 필수적이다. 이러한 관점에서 볼 때 안정도는 발전기의 회전자각 동특성이나 전력-회전자 사이의 관계에 큰 영향을 받는다.
④ 한편 전력계통의 불안정 현상은 발전기간 동기화 유지와 관계없는 원인에 의해서도 발생한다. 예를 들어 동기발전기와 유도전동기가 송전선로를 통하여 연결된 계통인 경우 부하전압의 붕괴로 인하여 계통이 불안정해지기도 한다. 이때는 동기화 유지보다는 전압안정도가 문제된다.
⑤ 안정도 판별에 있어서 중요한 것은 전력계통에 외란이 가해진 후의 계통 자체의 응동이다. 전력계통 안정도는 외란의 정도나 대상 시간, 그리고 고려하는 제어기에 따라 다양하게 구분하고 있으며 그 예를 나타내었다.

   (가) 과도안정도(Transient Stability)
   전력계통에 가해지는 외란의 크기에 따라 과도안정도와 정태안정도로 분류하고 있다. 과도안정도는 전력계통에서 지락, 단락, 단선, 회로차단, 재폐로, 계통분리 등과 같은 급격한 외란 발생 후 안정한 운전 상태로 도달할 수 있는 정도를 말한다. 전력계통에 가해지는 외란의 크기나 제어계 고려 여부에 따른 안정도 분류는 【표 5】와 같다.

(나) 정태안정도(Steady State Stability)

전력계통에 가해지는 외란의 크기에 따라 과도안정도와 정태안정도로 분류하고 있다. 정태안정도는 전력계통에서 완만한 부하변화 등과 같은 미소외란이 발생했을 때 저주파 진동과 같은 불안정 현상이 발생하지 않고 지속적으로 계통을 운용할 수 있는 정도를 말하며 미소신호안정도라고도 불린다. 이때의 미소외란 변화는 발전기의 고유진동주기나 자동전압조정기(AVR), 조속기 등의 응답시간에 비하여 충분히 완만한 경우에 해당한다. 전력계통에 가해지는 외란의 크기나 제어계 고려 여부에 따른 안정도 분류는【표 5】와 같다.

(다) 동태안정도(Dynamic Stability)

제어계의 효과를 고려하는지에 따라 고유안정도와 동적안정도로 분류하는데 동적안정도는 발전기전압조정기(AVR)나 조속기의 제어효과를 고려한 경우의 안정도를 말한다. 전력계통에 가해지는 외란의 크기나 제어계 고려 여부에 따른 안정도 분류는【표 5】와 같다.

그리고 위상각안정도와 같은 의미로 사용되기도 하나 경우에 따라 다르게 사용되기도 한다. 제어계통을 고려하지 않은 정태안정도(steady state stability)와 구분하기 위하여 자동제어계(주로 발전기의 전압조정기)기를 고려한 미소신호안정도의 의미로 사용되기도 하고 과도안정도(transient stability)와 동일한 의미로 사용되기도 한다.

(라) 고유안정도

제어계의 효과를 고려하는지에 따라 고유안정도와 동적안정도로 분류하는데 고유안정도는 발전기전압조정기(AVR)나 조속기의 제어효과를 무시하고 발전기 내부전압을 일정한 것으로 하여 간주한다. 전력계통에 가해지는 외란의 크기나 제어계 고려 여부에 따른 안정도 분류는【표 5】와 같다.

(마) 위상각안정도(Angle Stability)

전력계통에 연결된 발전기들이 동기화를 유지할 수 있는 정도를 의미하며 발전기들의 전기기계적 특성에 영향을 받는다. 일부 문헌에서는 동태안정도(Dynamic stability)라는 용어를 사용하기도 하나 경우에 따라 그 의미를 달리하기도 한다.

(바) 전압안정도(Voltage Stability)

전력계통에 외란이 발생한 후 정상상태 운전조건하의 모든 모선에서 규정된 전압을 유지할 수 있는 전력계통 능력을 말한다. 각종 외란이나 부하의 증가, 계통운전조건 변화에 의하여 전압을 제어할 수 없을 때 전력계통은 전압불안정 상태가 된다. 이러한 불안정현상이 발생하는 주요 원인으로는 무효전력 수요에 대한 공급부족으로서 송전선로와 관련된 유도리액턴스를 통하여 유무효전력이 흐를 때 발생하는 전압강하가 가장 전압안정도에 있어서 중요한 문제이다. 전압안정도의 평가기준은 전력계통에서의 모든 모선이 주어진 동작점에서, 모선에 무효전력 주입을 증가시킬 때 모선전압 크기가 증가하는지 여부이다. 만약 하나의 모선이라도 무효전력 주입(Q)이 증가할 때 모선전압 크기(V)가 감소한다면, 이 계통은 전압이 불안정하다. 즉, 모든 모선에서 Q-V 감도가 양(+)이면 전압 안정이고, 하나의 모선에서라도 Q-V 감도가 음(-)이면 전압 불안정이 된다.

③ 전력계통 기본   PART 01 기초 이론

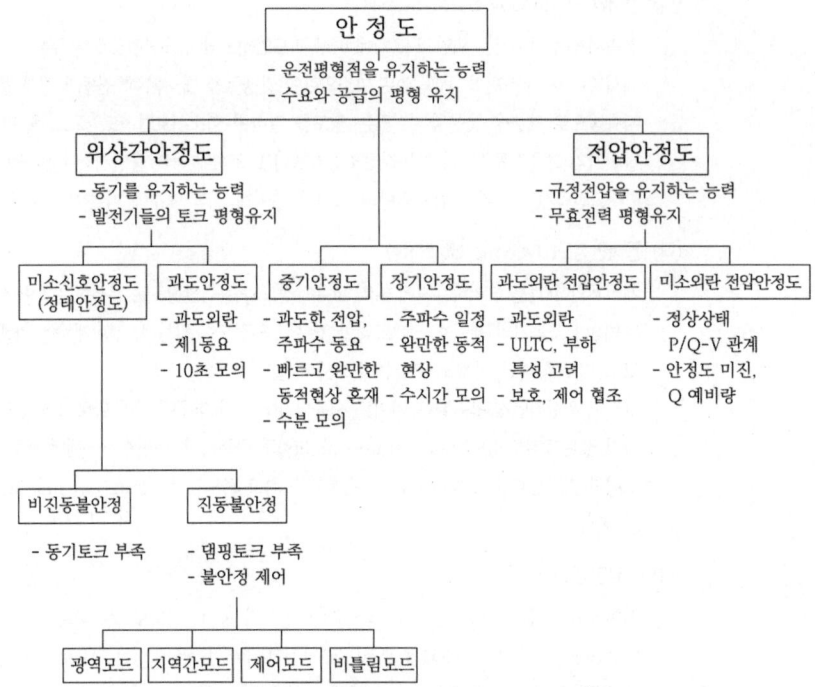

근거 : 12th PSCC, Dreden, Germany "Tutorial on Transient Stability"

【그림 6】 전력계통의 안정도 분류

【표 5】 외란 및 제어계에 따른 안정도 분류

제어계 \ 외란 크기	크다	작다
제어계 무시	고유정태안정도	고유과도안정도
제어계 고려	동적정태안정도 (또는 정태안정도)	동적과도안정도

(사) **미소신호안정도(Small Signal Stability)**

미소외란에 대하여 전력계통이 동기 화력을 유지할 수 있는 능력을 말하며 정태안정도라고도 불린다. 부하나 발전출력에서의 미소변화가 대표적인 미소외란이며 비선형으로 표시되는 전력계통의 상태방정식을 운전점에서 선형화하여 해석한다. 발생할 수 있는 불안정 현상으로는 동기토크의 부족으로 인한 회전자각의 점진적인 증가와 댐핑토크의 부족으로 인한 회전자 동요폭의 증가이다.

이와 같은 불안정 현상과 관련된 요소들로는 전력계통 운전점이나 송전선로의 구성, 발전기의 여자기 형태 등을 들 수 있다.

17. 안정도 판별법

가) 등면적법(Equal Area Criterion)

안정도 판별에 사용되는 방법 중 하나로 고장전 전력각 곡선 P_{eI}, 고장 지속동안의 전력각 곡선 P_{eII}, 고장 제거 후의 전력각 곡선 P_{eIII} 를 【그림 7】과 같이 나타냈을 때 고장이 제거되는 데 필요한 임계각(δ_2)을 계산하기 위해 다음과 같이 주어지는 면적 A_1과 A_2를 계산하여 $A_1 = A_2$가 되도록 하는 방법이다.

$$A_1 = \int_{\delta_0}^{\delta_1}(P_s - P_{eII})\,d\delta$$

$$A_2 = \int_{\delta_1}^{\delta_2}(P_{eIII} - P_s)\,d\delta$$

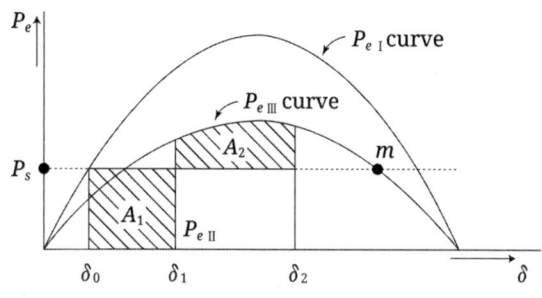

【그림 7】 전력계통 고장 전후의 전력각 곡선

나) 단단법(Point by Point Method)

안정도 판별에 사용되는 방법 중 하나로 등면적법에 의해서 임계각을 계산하는 반면 단단법에 의해서는 여러 개의 발전기가 조합된 다기계통에서의 임계각과 그에 상당하는 시간(t_2)을 계산한다. 동요방정식에서 계산 시간 간격(time step) $\triangle t$를 정하여 발전기 각속도(w), 상차각(δ)을 차례대로 계산, 그 과정을 반복함으로써 결과를 얻는다.

③ 전력계통 기본

18. 발전기 내부 리액턴스(Internal Reactance)

① 내부 리액턴스에는 동기 리액턴스(X_d), 과도 리액턴스(X'_d)와 차과도리액턴스(X''_d)가 있다. 발전기단자 【그림 8】 사이의 단락전류에 따라 설계 시 주어지며, 예를 들어 X''_d는 가장 악조건 고장상태를 표시하게 된다.

② 무부하 시 단자간에 고장이 발생했을 때 나타나는 고장전류를 시간에 따라 그래프를 그리면 【그림 9】와 같다.

③ 발전기 내부 전압의 최대치를 E_{max} 라고 하면,

차과도리액턴스는 $X''_d = \dfrac{E_{max}}{I''_{max}}$,

과도리액턴스는 $X'_d = \dfrac{E_{max}}{I'_{max}}$,

동기리액턴스는 $X_d = \dfrac{E_{max}}{I_{max}}$ 가 된다.

발전기 설계에서 이들의 관계는 $X''_d < X'_d < X_d$ 로 되어있다.

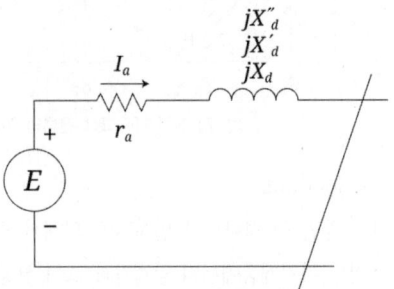

【그림 8】 발전기 등가회로도

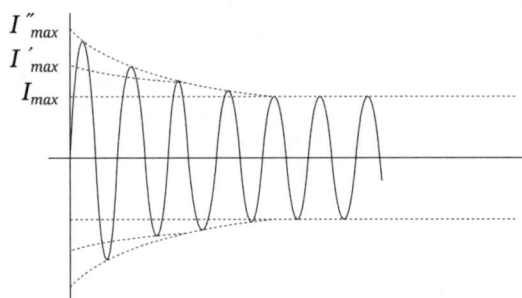

【그림 9】 발전기의 삼상단락전류

19. 발전기 내부 전압(Internal Voltage)

① 내부 전압이란 발전기 내부 리액턴스 X''_d, X'_d, X_d 뒤에 나타나는 전압을 말하며, E'', E', E로 주어진다. 이 관계를 그림으로 표시하면 【그림 10】-(a), (b)와 같다.

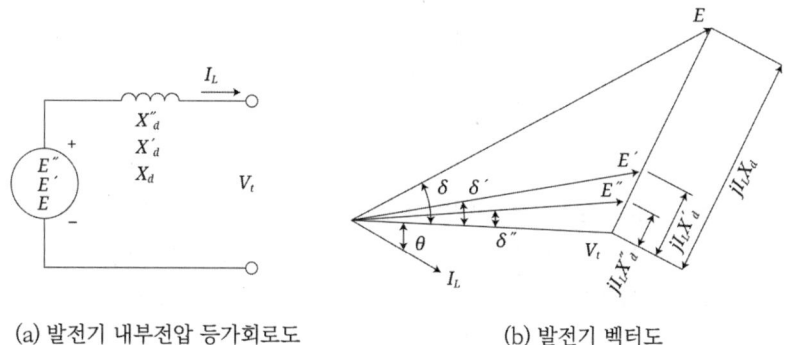

(a) 발전기 내부전압 등가회로도　　　　(b) 발전기 벡터도

【그림 10】 발전기 내부 전압

② 여기서, 동기 전압 E는 $E = V_t + jI_L X_d$, 과도 내부 전압 E'는 $E' = V_t + jI_L X'_d$, 차과도 내부 전압 E''는 $E'' = V_t + jI_L X''_d$가 된다. 이 3가지 내부 전압 중 어느 것을 이용하느냐는 고장 후의 지속시간에 관계된다.

20. 무한대 모선(Infinite Bus)

① 삼상 동기기가 하나의 대용량 발전기에 등가계통 리액턴스(X_e)를 통하여 연결되어 있는 경우로 이 발전기의 출력이나 여자(field excitation)의 어떠한 변화도 계통의 주파수나 단자전압을 변동시키지 않고 원상태 그대로를 유지하면서 쉽게 계통을 분석하도록 등가화한 모선을 무한대 모선이라 한다.

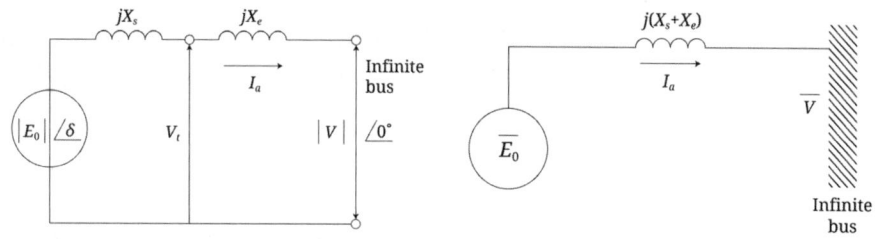

【그림 11】 1기 무한대 모선의 등가도　　　【그림 12】 1기 무한대 모선 계통도

② 여기서, V를 테브난의 전압, X_e는 동기 발전기의 단자에서 계통을 들여다보았을 때 나타나는 테브난의 리액턴스, 그리고 동기 발전기에 관계되는 동기 리액턴스를 X_s라 하면 【그림 11】, 【그림 12】의 단선 결선도로 표시되며, 이것이 무한대 모선의 등가도이다.

3 전력계통 기본

21. 속응여자방식(Quick Response Excitation System)
① 속응여자 방식은 안정도를 증진시키는 방법 중 전압 변동을 적게 하는 것으로 쓰이는 방법이다.
② 전력계통 고장발생 시 단자전압 강하를 보상함으로써 단락전류는 증가하지만 안정도는 상승하게 된다. 역률이 낮은 단락전류에 의해 전기자 반작용(armature reaction)이 생겨 급속히 여자전류가 증가하여, 동기화력을 강하게 하며, 높은 전압과 높은 값의 응답을 갖는 여자기에 의해 빠른 응답을 주는 전압 조정방식을 속응여자방식이라 한다.
③ 여자기의 빠른 응답은 계자권선(field winding)을 여러 개의 병렬회로로 나누어 각 회로에는 외부에서 직렬저항을 연결하거나 분리된 여자(pilot exciter)를 사용함으로써 얻을 수 있다.
④ 높은 ceiling전압은 평상시보다 더 큰 여자기를 요하며, 만약 매우 빠른 계자의 강제접촉기를 갖는 반작용 전압 조정장치를 사용한다면 AC계통에서 고장이 발생했을 때, 조정장치의 시간지연(time lag)은 전압감응요소가 동작되는 시간과 고속도 계전기가 동작하는 시간을 합친 것으로 이루어진다. 물론 이 지연시간은 가능한 적어야 하며, 근래의 전압 조정장치의 동작시간은 3cycle(0.05sec)이 보통이다.

22. 동기탈조(Loss of Synchronism, Out of Step)
① 외란에 의해 계통이 불안정 상태가 되는 것을 말하는데,
전력각 곡선에서 상차각(displacement angle) δ가 $-90°<\delta<90°$ 일 때,
즉 $\dfrac{dP}{d\delta}>0$가 되어 계통은 안정된다. 이 범위 내에서는 상차각이 증가할수록 송전전력이 증가한다.
② 예를 들면, 【그림 13】의 점 A에서 안정하게 운전하고 있다고 하자. 이때 기계적, 전기적 손실을 무시한다면, 발전기의 기계적 압력은 전동기의 기계적 출력과 같다. 지금 전동기에 걸린 부하가 조금 증가한다고 하면, 순간적으로 전동기의 상차각은 변화될 수 없으므로 전동기의 입력은 일정한 반면에 전동기 출력은 증가되었으므로 그 회전속도가 점점 감소한다. 전동기의 속도가 감소될수록 δ는 커진다. 이때 전동기의 입력은 커져 입력과 출력이 같아져서 평형이 되는 점 B에 도달한다. (이때의 발전기 입, 출력에 변동이 없다고 가정) 이것을 반복하여 전동기의 입력이 최대전력 점 C까지 도달하였다고 하자.

또 다시 전동기의 부하를 증가시키면 상차각 δ는 증가하겠지만 입력은 감소하여 전동기의 속도는 급속도로 감소되어 전동기는 동기화력을 잃게 된다. 이와 같이 불안정상태가 되는 것을 동기탈조라 한다. 이때 P_m은 정태 안정 극한전력이 되며, 큰 부하가 갑자기 걸려 새로운 전체 부하가 정태 안정 극한전력을 초과하지 않아도 전동기는 동기탈조되는 경우가 있다.

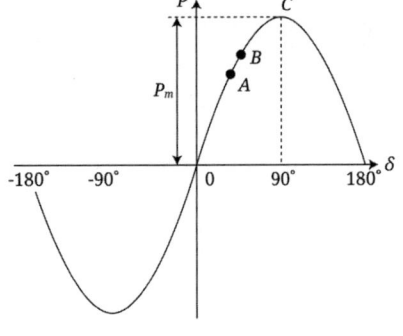

【그림 13】 상차각 곡선

PART 01 기초 이론
4 송배전학술

1. 선로정수(Line Constants)

① 송전선로는 저항, 인덕턴스, 정전용량 누설콘덕턴스가 선로에 따라 균일하게 분포되어 있는 전기회로인데 이 4가지 정수를 선로정수(line constant)라 하고 송전선로의 전압·전류의 관계, 전압강하, 송수전단 전력등 특성을 계산하는 요소가 된다.

② 선로정수는 전선의 종류, 굵기, 배치에 따라서 정해지고 전압, 전류, 역률, 기온 등에는 영향을 받지 않는다. 그러나 전류밀도가 커지면 발열 때문에 온도가 상승되고 저항이 증대되거나 corona가 발생되어 정전용량이 다소 증가되는 경우가 있지만 이들은 모두 특별한 경우이다.

(가) 저항

$$R = \rho \frac{A}{l} [\Omega]$$

$R[\Omega]$: 저항
$\rho[\Omega mm^2/m]$: 저항률
$l[m]$: 전선길이
$A[mm^2]$: 단면적

(나) 인덕턴스

$$L = 0.05 + 0.4605 \log_{10} \frac{2D}{d}$$

$L[mH/km]$: 전선 1조당 인덕턴스
$D[m]$: 등가선간거리
$d[m]$: 전선직경

(다) 정전용량

$$C = \frac{0.02413}{\log_{10}(\frac{2D}{d})}$$

$C[\mu f/km]$: 전선 1조당 정전용량
$D[m]$: 등가선간거리
$d[m]$: 전선직경

(라) 누설콘덕턴스

선로의 누설콘덕턴스는 주로 애자련의 누설저항에 기인한다. 애자의 누설 저항은 건조 시 대단히 커서 그 역수인 누설콘덕턴스는 매우 적은 값을 나타내므로, 송전선로의 특성을 검토하는 경우에는 특별한 경우를 제외하고는 무시해도 좋다.

2. 정전용량(Capacitance)

① 【그림 1】과 같이 다른 모든 도체를 영전위로 하고 임의의 도체에 Q라는 전하를 주었을 때 V라는 전위로 되었다면 이 도체의 정전용량 C는

$$C = \frac{Q}{V} \quad \cdots\cdots\cdots\cdots\cdots (1)$$

로 정의된다.

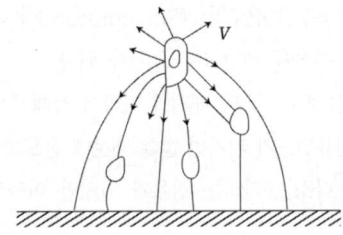

【그림 1】 1개 도체에 전하를 주고 다른 도체가 모두 전하를 갖고 있는 경우

② 영전위일 때 또 여러 개 도체가 모두 전하를 갖고 있을 때 각 도체의 전위를 표시하면, 지금 1, 2, 3, …… n개의 도체가 있고 각각 V_1, V_2, $V_3 \cdots V_n$ 전위로 유지하고, q_1, q_2, $q_3 \cdots q_n$이라는 전하를 갖고 있으면 단위 정(+)전위를 무한대 위치에서 도체 1까지 갖고 오는데 필요한 일은 V_1 된다.

③ q_1이라는 전하는 $P_{11}q_1$이라는 일을, q_2 전하는 $P_{12}q_2$에 일을 하고 계속해서 이와 같은 일을 해서 V_1이라는 일을 했다고 하면 다음 식이 성립되며 V_2, V_3, $\cdots V_n$에 대해서도 같은 방법으로 쓸 수 있다.

$$V_1 = P_{11}q_1 + P_{12}q_2 + \cdots + P_{1n}q_n$$

$$V_2 = P_{12}q_1 + P_{22}q_2 + \cdots + P_{2n}q_n$$

$$\vdots$$

$$V_n = P_{n1}q_1 + P_{n2}q_2 + \cdots + P_{nn}q_n$$

여기서 P를 전위계수(coefficient of potential)라 하고, 이것을 다시 전하 q에 대해서 풀면,

$$q_1 = k_{11}V_1 + k_{12}V_2 + \cdots + k_{1n}V_n$$

$$q_2 = k_{12}V_1 + k_{22}V_2 + \cdots + k_{2n}V_n$$

$$\vdots$$

$$q_n = k_{n1}V_1 + k_{n2}V_2 + \cdots + k_{nn}V_n$$

여기서 $k_{11}, k_{22}, \cdots k_{nn}$를 정전 용량계수(coefficient of static capacitance),

$k_{12}, k_{23}, \cdots$ 를 정전유도계수(co-efficient of static induction)라고 한다.

④ 이 정수들은 모두 도체의 크기, 모양, 배치상태(위치), 주위공간의 매질 등에 따라 정해지는 상수들이다. 또 위 식을 맥스웰의 방정식(Maxwell's equation)이라고 하며 도체의 정전용량을 구하는데 기본 식이 된다.

(가) 선간정전용량(Mutual Capacitance)

【그림 2】와 같이 반경 r [m]인 장거리송전선의 두 전선 a, b가 D[m] 간격을 두고 병행으로 가설되어 있고, 단위 길이당 각각 $+q$ 및 $-q$[C/cm]인 전하를 주었을 때 전선 a로부터의 X인 거리 P점의 $+q$에 의한 전계의 세기 E_a 및 $-q$에 의한 전계의 세기 E_b는 각각

$$E_a = \frac{2q}{X} \times 9 \times 10^9 [\text{V/m}]$$

$$E_b = \frac{-2q}{D-X} \times 9 \times 10^9 [\text{V/m}]$$

와 같이 된다.

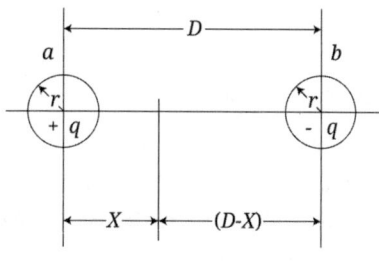

【그림 2】 왕복선의 배열

P점의 전계의 세기 E는

$$E = E_a - E_b = \frac{2q}{X} \times 9 \times 10^9 - \frac{-2q}{D-X} \times 9 \times 10^9$$

$$= 2q\left(\frac{1}{X} + \frac{1}{D-X}\right) \times 9 \times 10^9 \quad \cdots\cdots\cdots\cdots\cdots (2)$$

다음에 전선 a, b 간 전위차 V_{ab}는

$$V_{ab} = \int_X^{D-X} E\, dx = 2q \times 9 \times 10^9 \int_X^{D-X} \left(\frac{1}{X} + \frac{1}{D-X}\right) dx$$

가 되어 이것을 풀어서 정리하면

$$V_{ab} = 4q \times 9 \times 10^9 \times \log_e \frac{D}{r}$$

따라서 전선 a, b 간 전선길이 1[m]당 정전용량 C_{ab}는

$$C_{ab} = \frac{q}{V_{ab}} = \frac{q}{4q \times 9 \times 10^9 \times \log_e \frac{D}{r}}$$

$$= \frac{0.02413}{2\log_{10} \frac{D}{r}} [\mu\text{F/km}] \quad \cdots\cdots\cdots\cdots\cdots (3)$$

가 된다.

이 C_{ab}를 두 전선 간의 정전용량 또는 왕복 정전용량이라 한다.

$$2C_{ab} = \frac{0.02413}{\log_{10} \frac{D}{r}} [\mu\text{F/km}] \quad \cdots\cdots\cdots\cdots\cdots (4)$$

4 송배전학술

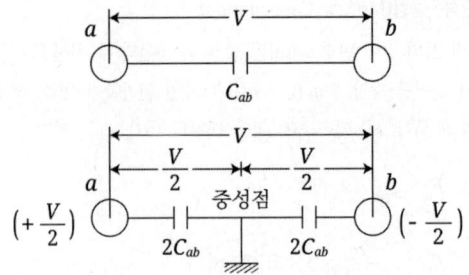

【그림 3】1선에 대한 정전용량

즉, 식(3)은 충전된 송전선로 상간에, 식(4)는 상과 대지 간(가공지선)에 각기 정전용량을 구할 때 응용되는 관계식이다.

(나) 대지정전용량(Self Capacitance)

반경 $r[m]$인 직선상 전선이 【그림 4】와 같이 지표면상 $h[m]$인 높이에 가설된 경우에 a선이 $+q[C/m]$인 전하를 갖고 있다고 하면 대지는 영전위이고 a와 대지 사이의 전기력선 분포는 그림과 같이 $-q[C/m]$인 전하를 갖는 a선의 영상 a'가 지표면하 $h[m]$인 깊이에 존재하고 있다고 생각할 수 있다. 이 a'를 영상전하(imaginary charge)라 한다.

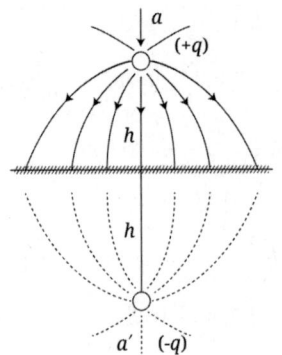

【그림 4】대지를 귀로로 하는 1선의 전장

그러므로 a와 a'의 간격은 $2h$이므로 전선 a의 정전용량 C는

$$C = \frac{1}{2\log_e \frac{2h}{r}} \times \frac{1}{9} = \frac{0.02413}{\log_{10} \frac{2h}{r}} [\mu F/km]$$

가 된다. 이것을 대지정전용량이라고 한다.

(다) 작용정전용량(Working Capacitance)

작용정전용량이란 대지와 1선 중심점에 대한 용량이며, 일반적으로 송전선로 1선의 정전용량이라 함은 이것을 의미한다.

【그림 5】와 같이 반경 r_1, r_2 [m]인 평행 2전선 a, b가 D[m]인 간격을 두고 지표상에 같은 높이 h[m]로 가설되었을 때 대지정전용량을 C, 선간용량 C'로 【그림 6】과 같이 되었다고 하면 1선이 중심점에 대하여 갖는 용량의 등가회로는 【그림 7】과 같이 생각할 수 있다.

여기서 C와 C'를 부분정전용량(partial capacitance), 각 부분정전용량을 합한 값 즉 C_n을 작용정전용량 (working capacitance)이라 하며 그 관계식은 다음과 같이 풀이할 수 있다.

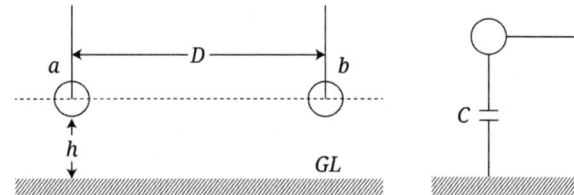

【그림 5】 수평배열 　　　　　【그림 6】 대지 및 선간정전용량

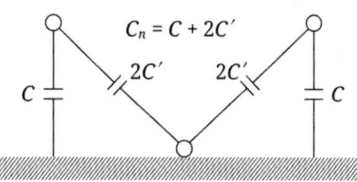

【그림 7】 부분정전용량과 작용정전용량

【그림 7】에서 작용정전용량 C_n은

$$C_n = C + 2C' = (k+k') + 2(-k')$$

$$= k - k' = \frac{P-(-P')}{P^2 - P'^2} = \frac{1}{P-P'}$$

$$= \frac{1}{2(\log_e \frac{2h}{r}) \times 9 \times 10^9 - 2(\log_e \frac{2h}{D}) \times 9 \times 10^9}$$

$$= \frac{0.02413}{\log_{10} \frac{D}{r}} [\mu\text{F/km}]$$

여기서 k 및 P는 각각 용량 및 전위계수를 나타낸다.

실제로 송전선로는 3상회로이며 전선배열방식이 수평배열 아닌 수직배열 비대칭이 대부분이므로 전선간격 D는 기하학적 등가거리에 의해서, 지표상의 높이는 구하고자 하는 조건에 적합하도록 계산해야 한다.

(라) 복도체정전용량(Capacitance of Bundle Conductor)

【그림 8】과 같이 도체가 군으로 형성되어 가설된 경우에는 도체 개개의 정전용량을 구한다는 것은 매우 복잡하므로 이 도체군을 1개의 등가도체로 생각하여 구하면 매우 편리하다. 이 등가도체의 반경을 복도체의 등가반경(geometric mean radius)이라 하며, 다음과 같이 구한다.

지금 복도체의 등가반경을 r_B라고 하면

$$r_B = (N \cdot rA^{n-1})^{\frac{1}{N}}$$

여기서, N : 도체수

r : 개개도체의 반경

$$A : \frac{S}{2 \times \sin\frac{\pi}{N}} \quad N > 1$$

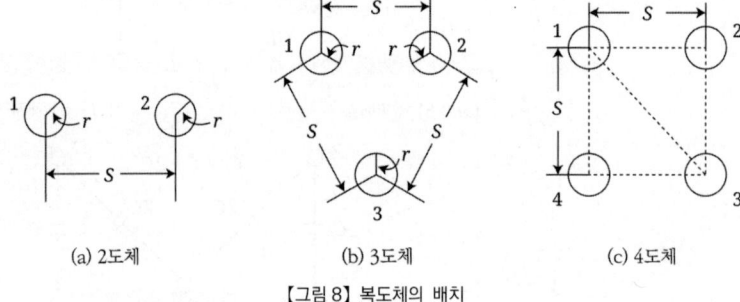

(a) 2도체　　　　(b) 3도체　　　　(c) 4도체

【그림 8】 복도체의 배치

그러므로 한 도체군의 정전용량 C_n는

$$C_n = \frac{0.02413}{\log_{10}\frac{D}{r_B}} \text{ 이다.}$$

3. 누설콘덕턴스(Leakage Conductance)

① 송전선은 애자로 전선 상호간 또는 대지와 절연되지만 완전한 절연은 안 되므로 약간의 누설전류 손실이 있게 마련이며 애자에도 유전손실이 있다. 또 전선을 지지하는 clamp가 자기회로로 형성되므로 hysteresis손 및 corona가 발생하면 corona 손실도 발생하게 된다. 전선의 저항 이외에 이와 같은 손실을 표시하기 위해서는 1선과 중성선간에 용량과 병렬로 되어 있는 누설저항 R_i를 【그림 9】와 같이 등가적으로 나타낼 수 있다.

② 이때 1상의 전압을 V라고 하면

$$I_{c1} = \frac{V}{R_i} = V \cdot g \qquad \text{단, } g = \frac{1}{R_i}$$

여기서 g를 누설 conductance라고 하고 누설저항의 역수로 나타내며 단위로는 [℧]로 표시한다. 또한

$$I_{c2} = \frac{V}{(\frac{1}{j\omega C})} = j\omega C = jVb$$

단, $b = \omega C, \quad \omega = 2\pi f$

b를 Suseptance라 하고 단위는 역시 [℧]이다.

그리고 A, B점 간의 admittance Y[℧]는 $I_c = VY$이므로 $I_c = I_{c1} + I_{c2}$에 의해

$VY = V_g + jV_b$ 이므로

$Y = g + jb = g + j\omega C$

③ 이와 같이 송전선에는 병렬로 admittance $Y = \sqrt{g^2 + b^2}$가 존재하는데 g는 대단히 작으므로 특별한 경우를 제외하고는 $g = 0$로 놓고 $Y = \omega C$로 하는 것이 보통이다.

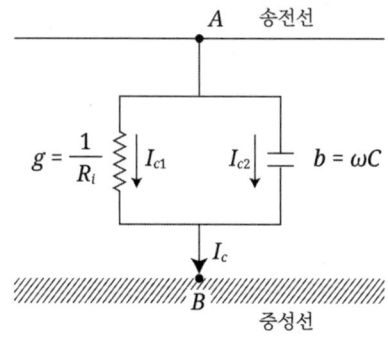

【그림 9】 송전선의 admittance

4. 회로망 해석

가) T-회로(T-circuit)

송전선로는 선로정수가 선로에 따라 균일하게 분포되어있는 분포정수회로로 취급해서 송수전단의 전력, 전압, 전류 등 특성을 구해야 하나 선로의 긍장이 짧을 경우 선로정수가 1개소 또는 수개소에 집중된 집중정수회로로 다루어도 큰 차이는 없다. 보통 50[km] 이내의 단거리송전선로에서 정전용량과 누설콘덕턴스를 무시하고 저항과 인덕턴스가 1개소에 집중된 전기회로로 취급하고 50[km]를 넘어 100[km] 정도의 중거리 송전선로에서는 정전용량을 무시할 수 없으므로 이 정전용량이 선로의 중앙 또는 송수전 양단에 집중되었다고 계산해도 무방하다. 전자를 T-회로, 후자를 π-회로라고 한다.

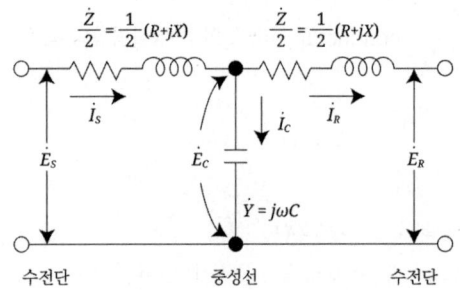

【그림 10】 중거리송전선의 등가회로(T-회로)

【그림 10】과 같이 병렬 admittance Y를 선로 중앙에 집중시켜 놓고 Impedance Z를 양분해서 송수전 양단에 놓을 때 전압, 전류는 각각

$$\dot{I}_s = \dot{I}_R + \dot{I}_c = (1+\frac{\dot{Z}\dot{Y}}{2}) + \dot{E}_R \dot{Y}$$

$$\dot{E}_s = \dot{E}_c + \frac{\dot{I}_s \dot{Z}}{2} = \dot{E}_R(1+\frac{\dot{Z}\dot{Y}}{2}) + \dot{I}_R \dot{Z}(1+\frac{\dot{Z}\dot{Y}}{4})$$

로 표시되는데 이 관계식을 T-회로의 공식이라고 한다. 여기서 1회 선당 전병렬 admittance Y는

$$\dot{Y} = (g+jb)l = jbl = jB$$

impedance Z는

$$\dot{Z} = (R+jX)$$

이며 vector도는 【그림 11】과 같다.

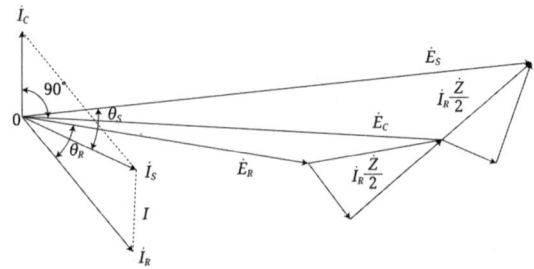

【그림 11】 T-회로의 Vector diagram

나) π-회로(π-circuit)

π-회로는 【그림 12】와 같이 impedance Z를 전부 송전선로 중앙에 집중시켜 놓고 admittance Y를 양분해서 송수전단에 놓고 전압 전류를 계산한다.

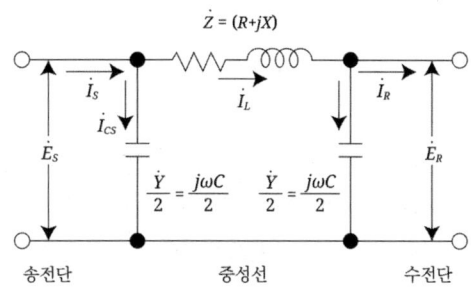

【그림 12】 중거리송전선의 등가회로(π-회로)

지금 전압, 전류를 각각 $\dot{I}_s$, $\dot{E}_s$라고 하면,

$$\dot{I}_s = \dot{I}_L + \dot{I}_{cs} = \dot{I}_R(1+\frac{\dot{Z}\dot{Y}}{2}) + \dot{E}_R \dot{Y}(1+\frac{\dot{Z}\dot{Y}}{4})$$

$$\dot{E}_s = \dot{E}_R + \dot{I}_L \dot{Z} = \dot{E}_R(1+\frac{\dot{Z}\dot{Y}}{2}) + \dot{I}_R \dot{Z}$$

로 표시되며 이 관계식을 π-회로의 공식이라고 하며 Vector도는 【그림 13】과 같이 된다.

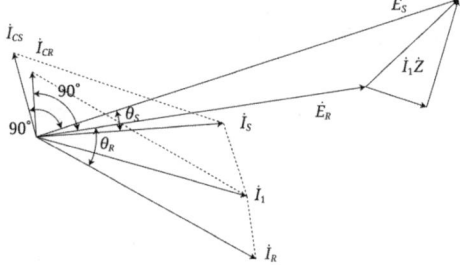

【그림 13】 π-회로의 Vector diagram

다) 분포정수회로(Distributed Line Circuit Constant)

3상 교류 장거리송전선 1상 1선의 단위길이당 저항을 $r[\Omega]$, inductance를 $L[H]$, 정전용량을 $C[F]$, conductance를 $g[\mho]$라 하면 선로의 단위길이당 직렬 impedance $\dot{Z}$ 및 병렬 admittance $\dot{Y}$는

$$\dot{Z} = r + j2\pi fL = r + jX[\Omega/\text{km}]$$

$$\dot{Y} = g + j2\pi fC = g + jb[\mho/\text{km}]$$

로 표시된다.

이 $\dot{Z}$ $\dot{Y}$를 분포선로정수라고 하고 【그림 14】와 같이 이들 정수가 선로에 따라 균일하게 분포되어 있는 것으로 해서 송전선로 특성을 구하며 이와 같은 등가전기회로를 분포정수회로(distributed line constant circuit)라 하며 장거리송전선로에서 이 분포정수회로로서 모든 선로의 특성이 구해진다. 【그림 15】와 같이 긍장 $l[\text{km}]$인 송전선에 수전단으로부터 $x[\text{km}]$ 떨어진 점의 전압 $\dot{E}$, 전류 $\dot{I}$는

$$d\dot{E} = \dot{I}\dot{Z}\,dx$$

$$d\dot{I} = \dot{E}\dot{Y}\,dx$$

로 표시되며, 이 식은 선로의 기본성질을 표시하는 방정식이 되며 이것을 풀어서 정리하면

$$\dot{E} = \dot{E}_R \cosh\alpha x + \dot{I}_R \dot{Z}_0 \sinh\alpha x$$

$$\dot{I} = \dot{I}_R \cosh\alpha x + \frac{\dot{E}_R}{\dot{Z}_0} \sinh\alpha x$$

로 된다.

여기서 $\dot{E}_R$, $\dot{I}_R$는 수전단측 전압, 전류이고 $\dot{Z}_0$는 특성 impedance, α는 전파정수이다.

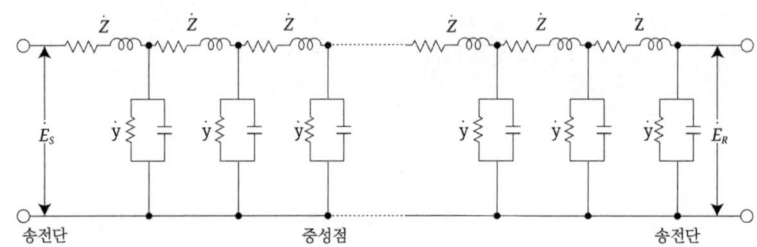

【그림 14】 장거리송전선의 등가회로

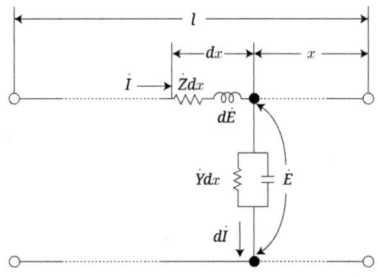

【그림 15】 송전선로 미소부분의 등가회로

라) 4단자회로(Four Terminal Circuit)

송전선로 도중에 있는 여러 가지 선로정수는 상태에 따라 매우 복잡하게 달라진다. 그러나 송전단과 수전단의 2단자 간에는 한 쌍의 입력단자와 출력단자를 가지고 있으며 이 2쌍의 단자를 통해 정수로 표현하고 【그림 16】과 같이 전기회로망을 생각할 수 있다. 이것을 4단자회로(four terminal circuit)라 하며 송전선로 내부에 어떤 복잡한 회로가 구성되어 있어도 송전선 중간에 전원이 없을 경우는 송전단 및 수전단의 전압 $\dot{E}$, 전류 $\dot{I}$를 구할 수 있으며, 이 관계식은 다음과 같이 표시된다.

$$\dot{E}_s = \dot{A}\dot{E}_R + \dot{B}\dot{I}_R$$
$$\dot{I}_s = \dot{C}\dot{E}_R + \dot{D}\dot{I}_R$$

여기서 $\dot{A}, \dot{B}, \dot{C}, \dot{D}$는 회로요소에 따라서 정해지는 정수로서 이것을 4단자회로정수(four terminal circuit constants)라고 하며 이 정수 간에는 다음 식이 성립된다.

$$\dot{A}\dot{D} - \dot{B}\dot{C} = 1$$

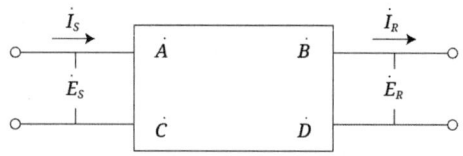

【그림 16】 4단자회로

마) 일반회로정수(General Circuit Constants)

송전선로는 전긍장에 걸쳐서 일정한 정수를 가진 단순한 경우가 거의 없고 도중에 정수가 서로 다른 이질 특성의 선로(전선규격, 상배열 등)가 연결되기도 하며 동일 특성의 분기선이 있거나 변압기, 발전기 등의 기기가 연결되기도 해서 복잡한 회로를 구성하게 된다. 이와 같이 복잡한 회로도 등가인 단일 회로로 치환시켜서 4단자회로로 취급해서 선로정수를 구하면 송전선로의 특성을 쉽게 구할 수 있게 된다.

이 4단자정수를 일반회로정수(general circuit constants)라 하며 치환된 등가회로를 송전선로의 일반회로(general circuit)라고 한다.

5. 특성 임피던스(Characteristic Impedance)

① 일반적으로 송전선로는 전압, 전류가 선로에 따라 전파(Propagation)되는 과정에서 선로정수로 인하여 그 에너지가 손실되어진다.

지금 무한장 송전선로 각 점의 Impedance Z_0는 $Z_0 = \sqrt{(Z/Y)}$ 로 표시할 수 있는데 이 Z_0는 송전선로 각 점에서 전압, 전류의 차로 그 선로에 특유한 것이 된다.

② 이것을 특성 임피던스(Characteristic Impedance) 또는 파동 임피던스(Surge Impedance)라고 하며 단위로는 [Ω]를 사용한다.

Z_0의 성분 중 만일 저항 및 누설 conductance를 무시하면

$$Z_0 = \sqrt{\frac{Z}{Y}} = \sqrt{\frac{(r+jx)}{(g+jb)}} \fallingdotseq \sqrt{\frac{jx}{xb}} = \sqrt{\frac{L}{C}}$$

로 표시할 수 있다.

③ 이 Z_0는 보통 300~500[Ω] 정도가 된다.

그러나 특성 Impedance를 더 정확히 산출할 경우 수전단을 개방 또는 단락시키는 무부하시험과 단락시험을 함으로써 각각 무부하 Admittance와 직렬 Impedance를 구하고 직렬 Impedance $\dot{Z}$[Ω/km]와 병렬 Admittance $\dot{Y}$[℧/km]를 산출해서 한 점에서의 전압, 전류를 구할 수 있게 된다.

6. 전파정수(Propagation Constants)

① 무한장 송전선로 각점에서의 특성 Impedance Z_0는 $Z_0 = \sqrt{\frac{Z}{Y}}$ 로 표시되며 이 $\dot{Z}$(선로의 직렬 Impedance)와 $\dot{Y}$(병렬 Admittance) 곱의 제곱근 즉, $\alpha = \sqrt{ZY}$라 하면 선로 각 점에서의 전압, 전류가 송전단에서 멀어짐에 따라서 지수함수적으로 그 크기가 감소되고 위상이 늦어짐을 표시하게 된다.

② 이는 그 선로의 전파정수(propagation constants) 또는 쌍곡각(hyperbolic angle)이라고 하며 약산해서 50[Hz] 계통에서는 $\alpha = j(1.0 1.2) \times 10^{-3}$, 60[Hz]에서는 이 값의 1.2배 정도가 되며 단위는 없지만 쌍곡각의 개념에서 radian을 사용한다.

③ 이 α를 실측하려면 특성 Impedance 측정법과 같이 수전단을 개방시키는 무부하시험과 단락시키는 단락시험을 통해 얻을 수 있으며 따라서 선로 한 점에서의 전압 전류를 쉽게 구할 수 있다.

7. 코로나 방전(Corona Discharge)

① 전극 사이에서 전계가 강한 국부만이 절연파괴되어 발생하는 국부파괴의 상태를 코로나 방전이라 한다. 전선의 임계 표면 전위경도는 Peek 시에 의하면 다음 식으로 표시된다.

② $G_{crit} = 21.1\, m\delta(1 + \dfrac{0.301}{\sqrt{r\delta}})[\text{kV/cm}]$ ·················· (1)

단, m은 전선표면계수, δ는 상대공기밀도, r는 도체의 반경[cm]이다.

【표 1】 전선의 표면계수[m]

전선의 상태	m
닦은 단일선	1
거칠거나 풍우에 노출된 선	0.98 ~ 0.93
7본 연선	0.87 ~ 0.83
19 ~ 61본 연선	0.85 ~ 0.80

【표 2】 표고와 기압과의 관계

해면에서의 높이(m)	P[mmHg]
0	760
500	711
1,000	668
1,500	627
2,000	590
2,500	555
3,000	521
3,500	489

$\delta = \dfrac{0.392P}{273+t}$ ·················· (2)

여기서, P는 기압[mmHg], t는 온도[℃]이다. 전선의 표면전위 경도는 다음 식으로 표시된다.

$G_{avg} = \dfrac{Q}{\pi \varepsilon_0 d}$ ·················· (3)

단, Q는 단위길이당 전하량[C]이며, d는 도체의 직경이다.

송전선에 있어서 전하량(Q)은 Maxwell의 전위계수를 사용해서 구할 수 있다.

$V = P \cdot Q$

여기서 V는 상전압 matrix, P는 maxwell의 계수전위 matrix이다.

$P_{11} = \dfrac{1}{2\pi\varepsilon_0} \ln(\dfrac{2h}{r})$

$P_{12} = P_{21} = \dfrac{1}{2\pi\varepsilon_0} \ln(\dfrac{L_{12}{'}}{L_{12}})$ ·················· (4)

여기서 h : 도체의 높이

L_{12} : 1상과 2상의 거리, $L_{12}{'}$: 1상과 2상의 영상과의 거리이다.

8. 연면 코로나(Surface Corona, Surface Flashover)

① 고체 유전체의 표면에 그림과 같이 전극을 배치하고, 교번전압을 인가하여 전압을 점점 올려가면 전극단의 자속밀도는 다른 곳에 비하여 매우 커 여기에서 먼저 코로나가 발생하고, 이 코로나는 전압의 상승과 더불어 고체 유전체의 표면을 따라 진전하여 불꽃연락이 되고, 회로의 상태에 따라서는 아크로까지 발전한다.

② 이 경우의 코로나 개시전압 및 불꽃전압은 고체 유전체가 없는 공간에 비하여 매우 낮아진다. 이와 같이 고체 유전체의 표면을 따라 발생하는 코로나를 연면 코로나라 한다. 고체 유전체의 표면에 연면 코로나 또는 연면 섬락이 발생하면 그 화학작용 및 열작용에 의하여 고체 유전체의 성질이 열화 또는 손상되어 파괴를 일으킨다.

③ 특히 이 경우 방전이 고주파 진동을 수반하므로 더욱 나쁜 영향을 미치게 된다. 고체 유전체의 내부에 존재하는 기포 및 공극에서 발생하는 코로나도 그 화학작용과 열작용으로 인하여 고체 유전체의 성질을 열화시켜 파괴에까지 도달하므로, 연면방전과 더불어 기포, 공극에서의 이온화방지에 대한 대책도 고전압 절연상 중요한 문제가 된다.

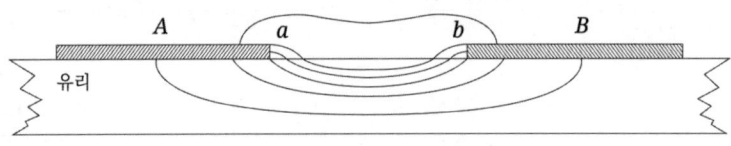

【그림 17】 연면 코로나

9. 불꽃방전(Spark Discharge)

① 코로나 방전 등의 국부파괴로부터 전극 전체에 거쳐 강한 빛과 소리를 내는 전로파괴로 이행되는 도중의 과도현상을 불꽃방전이라 한다. 이 불꽃방전에 의하여 기체 또는 액체 유전체 중에 있는 전극 간에 불꽃으로서 교락되는 현상을 불꽃연락이라 한다.

② 특히 기체 또는 액체 유전체 중에 있는 고체 유전체의 표면을 따라 발생하는 불꽃방전 및 불꽃연락을 각각 연면 불꽃방전, 연면 불꽃연락이라 한다.

10. 섬락(Flashover)

① 불꽃방전에 뒤이어 기체 유전체 중에 있는 전극간이 전호(arc)로서 교락되는 현상을 전호연락이라 하며, 특히 기체 유전체 중에 있는 고체 유전체의 표면을 따라 발생하는 전호연락을 연면 전호연락이라 한다.

② 섬락이라 함은 종래에는 고체 유전체 또는 액체 유전체 표면에 있어서의 불꽃연락 및 전호연락만을 의미하는 용어로 사용해 왔으나, 현재는 기체 유전체 또는 액체 유전체 중에 있는 간극 사이의 불꽃연락 및 전호연락을 섬락이라 부르고 있다.

11. 코로나 손(Corona Loss)

① 상용 주파수의 교번전압에 의한 가공 송전선에서의 코로나 손은 선로와 잔류 공간전하 사이에 계속하여 일어나는 코로나 방전으로 인하여 소비되는 것이며 Peek의 실험식이 널리 채용된다.

② 지금 상대공기밀도 δ, 주파수 f, 전선의 반경 r[cm], 전선의 중심간 거리 D[cm], 1선의 중성점에 대한 전압을 V_n[kV](실효치), 파괴임계전압(disruptive Critical Voltage)을 1선의 중성점에 대한 전압으로 표시하여 Von[kV](실효치)라 하면 단상 2선식 또는 정삼각형으로 배치된 삼선식 송전선의 전선 1조 1[km]당 코로나 손 P[kW]는

$$P = \frac{241}{\delta}(f+25)\sqrt{\frac{r}{D}}(V_n - V_{on})^2 \times 10^{-5} \text{ (1선 1[km]당)} \quad \cdots\cdots\cdots (1)$$

로 표시된다. 여기서 파괴임계전압 V_{on}은

$$V_{on} = 21.1 m_0 m_1 \delta r \log_e \frac{D}{r} [\text{kV}] \quad \cdots\cdots\cdots (2)$$

이며, m_0는 도선 표면상태에 따른 계수, m_1은 기상상태에 따른 계수이다.

m_1의 값은 맑은 날에 1, 흐린 날(비, 눈, 이슬)에 0.8을 적용한다.

12. 라디오 노이즈(Radio Noise)

① 라디오 Noise는 라디오 주파수 범위에서 원하지 않은 전자신호 또는 Energy로 정의된다. 송전선에서 발생하는 Radio Noise에서 발산되는 그 에너지는 매우 적기 때문에 그 자체로는 사람이나 환경에 해롭지 않다.

② 그러나, 이 Radio Noise는 특히 AM 주파수(540[kHz] ~ 1,600[kHz])대에서 원하는 라디오 주파수 신호 수신에 지장을 줄 수 있다.

③ 비가 올 때 Radio Noise는 날씨가 좋을 때에 비하여 17[dB]가 높다. 한 상당 라디오 간섭(RI)에 대한 계산식은 다음과 같다. (1[μV/m] 기준)

$$RI = 48 + 3.5(E - 17.5) + 30\log\left(\frac{D}{35.1}\right) + 20\log\left(30.7\frac{Y}{R^2}\right) + 10(1-f)[\text{dB}]$$

단, $R \leq CH$

여기서, $CH = \frac{\lambda}{2\pi}$ 이며, E는 최대전선 표면 전위경도 [kV(s)/cm], D는 전선 직경[mm], Y는 도체의 수직높이[m], R은 송전선에서 계산지점까지 거리[m], f는 계산하고자 하는 주파수[MHz]이다.

13. 공기 중 전기전도현상

① 공기 중에서 평행평판 전극간에 전압을 인가해서 상승할 때 전극간에 걸리는 전압 V와 전류 I와의 관계는 【그림 18】과 같다.

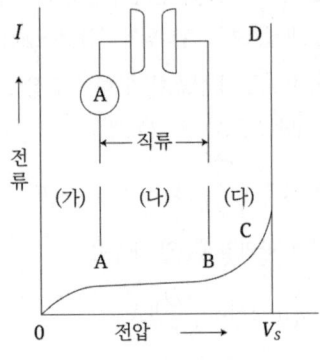

【그림 18】 공기 중 전기전도현상

② 인가전계가 약한 (가)의 범위에서는 공기 중에 약간 존재하는 양음의 ion이 전계강도의 증가와 더불어 이동속도가 증가하기 때문에 전압상승과 더불어 전류가 증가한다. 전계가 조금 강한 (나)의 범위에서는 우주선, 기타의 원인에 의해서 미약한 전리작용을 받아서, 발생한 ion이 전부 전극에 도달하나, 단위시간에 발생되는 전리작용은 대체로 일정하기 때문에 전류가 포화된다. (다)의 부분은 강전계의 범위에서는 전자가 충분히 가속되어 중성의 기체분자와 충돌하여 충돌전리작용을 일으켜 새로운 전자와 ion을 만들고, 이 전자와 ion이 또 가속되어 다시 충돌전리작용을 일으키는 현상이 반복되어 전류가 급증된다.

③ 이와 같이 해서 전극간 전압이 임계전압치 V_s에 도달하면 불꽃을 발생하여 공기의 절연이 파괴되어 글로우방전(glow discharge) 또는 아크방전(arc discharge)으로 이행한다. 이 V_s를 불꽃전압(Sparking Voltage)이라 부른다.

④ 그러나, 전극의 형상이 국부적으로 전계를 집중하기 쉬운 것이 있을 경우 전계가 집중하고 있는 부분만 절연이 파괴(Break down)되고, 다른 부분은 절연이 파괴되지 않는 상태를 경과한다. 이와 같은 방전을 코로나 방전(corona discharge)이라 한다. 코로나가 발생할 때의 전압치를 코로나 개시 전압(corona starting voltage)이라 한다.

14. 전자사태(Electron Avalanche)

① 【그림 18】의 공기 중 전기전도현상에서 포화전류 상태에서 전압을 상승시키면 질량이 작은 전자가 먼저 전리속도를 얻어 중성분자와 충돌하여 중성분자를 전리시켜 전자와 양이온을 발생시킨다.

② 전압이 더욱 높아지면 충돌전리로 발생한 전자도 또한 전리속도를 얻어 다른 중성분자를 전리시키게 되고, 이때 생긴 전자가 다시 같은 역할을 하게 된다.

③ 이와 같이 전압의 상승과 더불어 전자사태(Electron avalanche)가 형성되므로 전류의 증가는 【그림 18】의 B, C와 같이 뚜렷하게 나타난다.

15. 파셴의 법칙(Paschen's Law)

① 평등전계에 걸리는 불꽃전압(V_s)은 온도가 일정할 경우, 기압 P와 갭의 간격 d와의 곱인 ($P \cdot d$) 만의 함수가 된다. 이것을 파센의 법칙(Paschen's law)이라 한다.

$$V_s = f(Pd) = B \cdot \frac{Pd}{const + \log Pd}$$

여기서, V_s는 불꽃전압, P는 기압, d는 갭의 간격거리이다.

② 이 법칙은 (Pd)의 넓은 범위에 걸쳐서 성립한다. 파센의 법칙을 일반화하여 전극 및 갭의 간격을 일정한 모양으로 n배하고, 기압을 $1/n$배하면 불꽃전압은 동일하며, 이 경우 방전에 의하여 흐르는 전류도 변하지 않는다.

③ 이들 법칙을 총괄하여 상사율(Law of Similarity)이라 한다. 이것은 어느 상태에서 얻은 값으로부터 다른 상태를 비교하는 경우에 중요한 법칙이다.

④ 【그림 19】와 같이 불꽃전압이 어느 값(Pd)에서 최소치 $V_{\min}$로 되는 V 곡선이 나타나며, Pd 값이 이 값보다 크거나 작게 되어도 불꽃전압은 증가한다. 또한 온도가 변화할 때 P 대신에 기체밀도 δ을 쓰면 (δd)만의 함수로 된다. 그러나 기압이 너무 증가하면(공기에서 약 $50[\mathrm{kg/cm^2}]$) 불꽃방전 전압은 기압의 증가율보다 적게 증가한다.

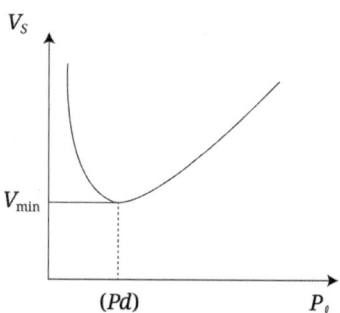

【그림 19】 파센의 법칙(Paschen's law)

16. 전위경도(Potential Gradient)

① 전계 중의 전위곡선의 구배를 나타낸 것을 전위경도라 한다.

② 예컨대 【그림 20】과 같은 전위곡선이 있는 경우 $\triangle l$[m] 진행할 때 $\triangle V$[V]의 전위가 상승한 경우, 그 전위가 증가한 비율 G는

$$G = \frac{\triangle V}{\triangle l} = \tan\theta$$ 가 되어 전위경도를 표시한다.

이에 대하여 【그림 21】과 같이 $\triangle l$[m]의 사이에 $\triangle V$[V]의 전압을 가할 때 전계의 세기 E는 전계의 방향으로 전위가 내리므로 전위의 경도로 표시하면

$$E = -\frac{\triangle V}{\triangle l} = -G$$ 의 관계가 있다.

따라서 전위경도와 전계의 세기는 절대값이 같으며, 그 방향은 반대가 된다.

③ 일반적으로 절연물의 절연파괴 세기는 이 전위경도, 즉 전계의 세기에 의하여 표시된다.

그리고 이 경우 [kV/cm], [kV/mm] 등의 보조단위로 표시되는 것이 보통이다.

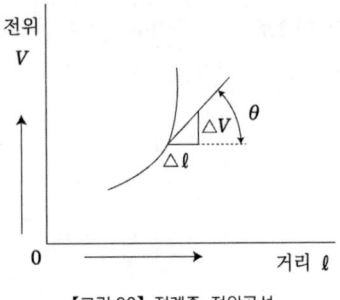

【그림 20】 전계중 전위곡선

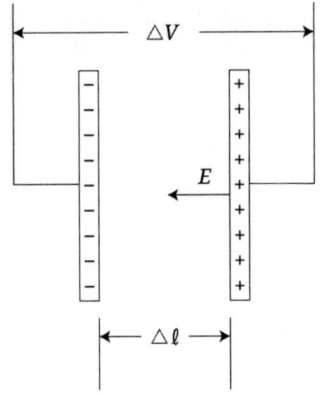

【그림 21】 극간 전위경도

17. 고체유전체(Solid Dielectric)

① 고전압 절연에 실제로 사용되고 있는 고체절연물에는 여러 가지 종류가 있으며, 크게 구분하여 무기재료와 유기재료로 구분한다.

② 무기재료에는 운모, 석면의 천연재료와 유리, 자기 등의 인조재료가 있으며, 유기재료에는 목면, 종이, 수지, 고무 등의 천연재료와 페놀 레진, 비닐수지, 폴리에치렌 등의 인조 재료가 있다.

18. 복합유전체(Composit Dielectric)

① 고체유전체에 의한 절연이라 할지라도 실은 그것이 단독으로 존재할 수 없고, 고체유전체와 기체유전체의 복합유전체로 되어 있는 경우가 많다.

② 일반적으로 고체유전체의 표면에 접하고 있는 공기는 단독으로 전극 사이에 있는 경우에 비하여 낮은 전위경도에서 파괴된다.

19. 유전체손(Dielectric Loss)

① 흡수현상을 수반하는 고체유전체에 교번전압을 인가하면 그 실효치와 동일한 직류전압을 인가할 때 보다 큰 전력손실이 생기며, 이것을 일반적으로 유전체손이라 한다.

② 이 유전체손은 쌍극자배향에 의한 흡수전류로 인한 것이며, 흡수전류가 크면 유전체손도 커진다. 고전압에 있어서 고체유전체 중에 존재하는 기포 또는 공극이 고전계로 인해 이온화되어 코로나 방전을 일으킨다. 이로 인해 코로나 손실이 발생하며 이것이 유전체손에 포함된다.

20. 유전체 역률(Dielectric Power Factor)

① 전극 사이의 고체유전체에 교번전압 V를 인가하면, 유전체에는 충전전류 I_c, 누설전류 I_g 및 쌍극자 전도전류 I_d가 【그림 22】와 같이 흐른다. 이 경우 공급되는 전력, 즉 유전체에서 소비되는 전력은

$$VI\cos\theta = VI\sin\delta ≒ VI\tan\delta$$

여기서 $\tan\delta$를 유전정접이라 하며, δ를 유전손실각, $\cos\theta$를 유전체 역률이라 한다.

② 【그림 22】에서 누설전류 I_g는 대단히 적으므로 무시해도 된다. 정전용량을 C, 주파수를 f라 하여 $\omega = 2\pi f$라 하면, 유전체손 W는 대략 다음과 같다.

$$W = \omega CV^2 \tan\delta$$

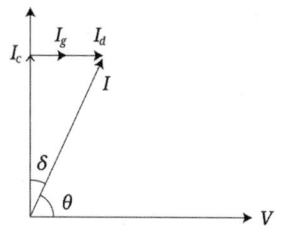

【그림 22】 전압전류의 벡터 다이어그램

여기서 C는 유전체의 비유전율 ε_r에 비례하므로 유전체손은 $\varepsilon_r \tan\delta$에 비례한다. 코로나가 발생하면 이 유전체손이 증가하기 때문에 유전체손의 측정은 고체유전체의 절연열화의 정도를 판별하는 방법으로 사용되고 있다.

21. 유전손실각(Dielectric Loss Angle)

① 변압기 절연유의 유전손실은 극히 적으므로 그 측정이 매우 어렵다.

② 와그너의 실험에 의하면 절연유를 1~2시간 동안 어느 일정한 온도로 유지하면서 그 온도를 올려가는 경우 역률과 온도의 관계는 【그림 23】과 같이 되며, 절연유의 절연내력이 최대로 되는 부근의 온도에서 역률이 최소가 되고, 다음에 온도를 내려가면 온도를 올려갈 때보다 역률이 훨씬 커진다는 것을 발견하였다.

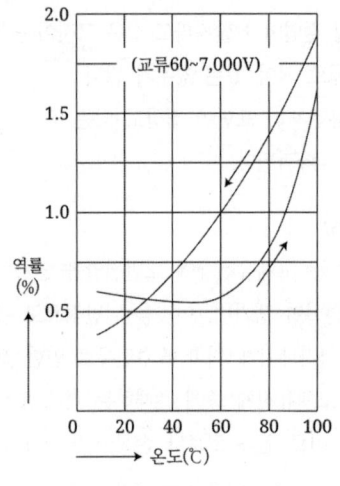

【그림 23】 역률과 온도의 관계

22. 충격비(Impulse Ratio)

① 충격비라 함은 어느 주어진 간극에 있어서 주어진 파형의 충격전압파에 대한 불꽃 전압치(파고치) V_i와 그 간극의 직류 불꽃전압치 또는 상용주파수 교류 불꽃전압치(파고치) V_s와의 비 V_i/V_s를 말한다.

② 충격비 = $\dfrac{\text{충격불꽃(섬락) 전압(파고치)}}{\text{직류 또는 상용주파수 교류전압(섬락) 전압(파고치)}}$

23. 충격코로나

충격전압이 인가된 경우 발생하는 Corona 방전의 성질은 대체로 다음과 같다.

가) 충격코로나 개시전압은 직류 또는 교류의 경우와 비교하여 큰 차이가 없다.
   차이가 있다 하여도 5~10[%] 정도로 본다.

나) 양극 Corona 형식으로는 스트리머 코로나(선조코로나)의 형식으로 되기 쉽다.

다) 충격전압의 파두준도에 따라 공간전하효과의 영향이 달라져 충돌 Corona 발생에 영향을 미친다.

24. 절연파괴(Dielectric Breakdown)

① 고체유전체의 표면에 연면코로나 또는 연면섬락(외부섬락 또는 외락)이 발생하면 그 화학작용 및 열작용에 의하여 고체유전체의 성질이 노화 또는 손상되어 파괴된다.

② 고체유전체의 내부에 존재하는 기포 또는 공극에서 발생하는 코로나도 그 화학작용과 열작용으로 인하여 고체유전체의 성질을 노화시켜 절연파괴되는 것이다.

25. 스트리머(Streamer) 방전

① 에벌런체(전자사태)가 진전되어 나가는 경우, 전자는 양극에 중화되고, 양이온이 【그림 24】-(a)와 같이 간극 중에 원추장으로 남게 된다. 이온밀도는 양극에 가까운 부분을 제외하고 비교적 낮으며 양이온의 존재는 그 자체로 간극의 파괴를 일으키지 않는다.

② 그러나, 에벌런체(avalanche) 최상부의 밀도가 높은 전리가스로부터 방사되는 광양자로 인하여 에벌런체 주위의 가스 중에 광양자가 발생하면 이로 인하여 부차적인 에벌런체가 【그림 24】-(a)와 같이 여러 개 생기게 된다.

③ 간극을 횡단하여 진전하는 streamer는 전자와 양이온이 거의 같은 밀도의 공간, 즉 이른바 플라즈마의 도전성 선조를 만들어 전극간을 단락하게 되는 것이며, 이 plasma의 선조가 불꽃채널(spark channel)의 최초의 단계를 만든다.

④ 【그림 24】-(b)는 plasma 통로가 간극의 도중까지 진전된 상태를 표시하며, 【그림 24】-(c)는 streamer가 음극에 도달하여 plasma 통로가 전극사이를 교락한 상태를 표시한다.

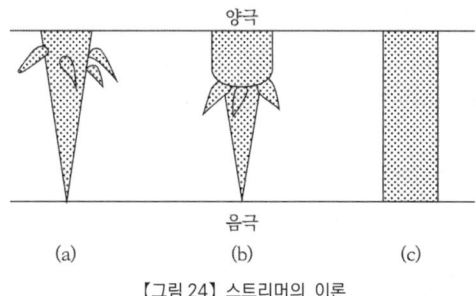

【그림 24】 스트리머의 이론

26. 절연파괴시험

① 시험전압을 점차 상승시켜 시료가 파괴될 때 최소절연파괴전압을 구하는 시험이다. 일반적으로 절연물 고유의 값으로 일정한 파괴전압을 얻는 것은 곤란하다.

② 이의 원인으로는 코로나 방전 등에 의하여 절연물이 파괴되기 이전에 열화작용을 하기 때문에 고유의 파괴강도보다 낮은 전압에서 파괴된다.

③ 따라서 시험방법의 조건에 따라 다른 결과가 나오므로, 주된 시험방법은

(가) 전압을 0.5~1[kV/s]의 비율로 올리고, 파괴하기까지 전압을 상승시킨다.

(나) (가)에서 얻어진 전압의 약 1/2를 인가하고, 파괴전압의 1/10 이하인 전압마다 계단적으로 상승시키고 일정한 전압을 유지하여 파괴하지 않는 경우 다음 단계의 전압으로 상승시켜 파괴전압을 구한다.

27. 섬락시험

① 애자 등의 절연물은 절연물 자체가 파괴되기 이전의 전압에서 공기와 접촉하는 면에 섬락하는 전압을 구하는 방법으로, 애자의 양쪽 전극간에 전압을 가하고 전압을 차차 올릴 때 애자가 건전하면 애자 주위에 공기를 통하여 양쪽 전극간에 아크가 발생할 때의 전압이다.
② 측정방법은 내전압시험과 비슷하나, 섬락전압은 전압의 파형과 애자의 형태, 크기, 오염의 정도, 외부기체의 밀도, 온도 등에 따라 다른 값을 나타낸다. 애자의 섬락전압으로서는 상용주파수에 의한 건조섬락전압 주수섬락전압 유중파괴전압 충격파섬락전압 등을 사용한다.
③ 애자련의 섬락전압으로서는 상용주파수에 의한 건조 및 주수 섬락전압 충격파의 정극파 또는 부극파에 의한 섬락전압, 개폐서지 충격파에 의한 섬락전압이 사용된다. 상용주파수에서 전압의 실효값, 충격파전압에서는 파고값으로서 섬락전압값을 나타낸다.

28. 뇌충격전압파

① 송전선이나 변전설비의 절연을 파괴하여 사고를 일으키는 이상전압 중에서 특히 피해가 현저한 것이 뇌 이상전압이다. 따라서 이들 설비의 절연을 설계하거나 시험하고자 할 경우에는 뇌 이상전압을 대상으로 하여야 한다.
② 뇌 이상전압 중 자주 일어나는 대표적인 파형이면서, 인공적으로 쉽게 발생시킬 수 있는 파형을 그림과 같이 표준파형으로 선정하여 사용하고 있다.
③ 여기서 파두길이란 파고값의 30[%]에서 90[%]까지인 점을 직선으로 연결하여 연장선과 만나는 점과 100[%]인 선과 만나는 점 사이의 시간이다.
④ 그리고, 파미길이는 파미의 파고치가 50[%]로 저하하기까지의 시간이다. 우리나라에서는 파두길이가 $1.2[\mu s]$, 파미길이가 $50[\mu s]$를 사용하는데, $1.2 \times 50[\mu s]$로 표시한다.

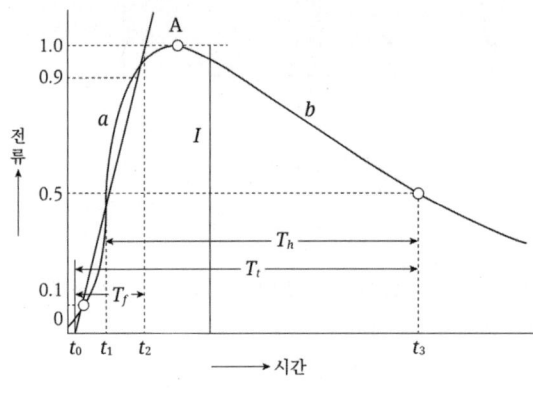

t_0 : 규약원점
$T_f = (t_2 - t_0)$: 규약파두장
$T_f = (t_3 - t_0)$: 규약파미장
E/T_f : 규약파두준도
단, E : 전압파고치
$T_h = (t_3 - t_1)$: 규약반파고시간

【그림 25】 뇌충격전압파형

29. 개폐충격전압파(Switching Impulse)

① 비정상적으로 최대값까지 급상승하고 상승시보다는 하강속도가 떨어져 0이 되는 비주기성의 과도적인 충격전압파로서, 차단기나 단로기의 개폐 시 발생하는 고전압을 모의한 충격성 과전압으로 파두시간이 수십 μs에서 수ms로 일반적으로 명확하게 관측될 수 있으므로 실제 파두시간을 사용한다.
② 파두시간은 원점에서 파고점까지의 시간이며, 파미시간은 원점에서 반파고치까지의 시간이다. 표준개폐충격전압은 $\pm 250 \times 2,500 [\mu s]$이다.

30. 선행불꽃방전

① 유중에 소형의 구간극을 놓고 교류전압을 인가하여 전압을 서서히 상승시키면, 처음에 불안정한 불꽃이 발생하는 경우가 있다. 그러나 이와 같은 불안정한 불꽃방전은 지속성이 없고 곧 소멸하며, 그 후 전압을 상승하여도 파괴되기까지 불꽃이 발생하지 않는다. 이와 같은 현상을 선행불꽃방전이라 한다.
② 이러한 일시적인 불꽃방전은 참다운 파괴전압이라 생각하지 않는 것이 보통이며, 더욱 전압을 올려 영구적인 절연파괴를 발생하는 경우의 불꽃 전압을 파기전압이라 본다.
③ 이와 같은 선행불꽃전압은 유중에 포함되어있는 먼지가 전계의 작용으로 전극사이에 교락되기 때문으로 생각되고 있다.

31. 트래킹

① 트래킹이란 절연물 표면상 연면방향으로 전계가 존재할 때 탄화도전로(track)가 형성되는 현상으로, 절연물 연면방향의 절연성능에 나쁜 영향을 준다. 특히 애자와 같이 외기와 접촉하고 있는 경우, 먼지나 염분, 수분 등이 부착하기 쉽고, 부착량이나 부착분포에 따라 표면에 전류가 흐를 수 있다.
② 그 결과 주울열에 의하여 dry spot나 dry band라고 하는 국부적인 건조지대가 발생하고, 오손상태나 습윤상태에 따라 절연파괴로 진전된다.

32. 뇌방전 (Lightning)

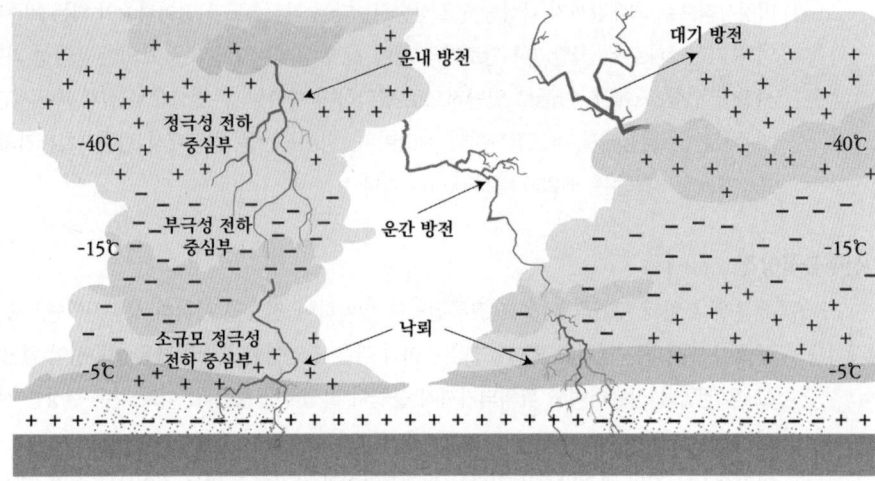

【그림 26】 뇌방전의 종류

① 뇌방전은 주로 공기밀도가 큰 찬 공기가 따뜻한 공기를 파고들 때나 여름철 태양에너지가 풍부한 날 오후 국지적으로 지면에 접한 대기가 가열되어 빠른 속도로 상승할 때 뇌운이 생성되면서 자주 발생한다.

② 최근에는 국지적으로 다양한 원인에 의해 뇌운이 순간적으로 형성되면 계절과는 무관하게 뇌 방전이 발생하기도 한다. 뇌방전에는 낙뢰 이외에도 여러 방전 형태가 존재한다. 뇌방전은 【그림 26】에서와 같이 방전이 발생하는 뇌운의 전하를 기준으로 다음과 같이 분류할 수가 있다.

(가) 운내 방전(within cloud discharge)

  뇌운 내의 (+)와 (-)전하에 의해 발생하는 방전

(나) 운간 방전(cloud to cloud discharge)

  뇌운 간의 (+), (-)전하에 의해 발생하는 방전

(다) 대기 방전(air discharge)

  뇌운전하로부터 주위의 대기로 발생하는 방전

(라) 대지 방전, 낙뢰(cloud-to-ground discharge)

  뇌운의 전하와 대지에 유도된 전하 사이에서 발생하는 방전

33. 낙뢰(Cloud-to-Ground Lightning)

① 낙뢰라 함은 앞에서 설명된 뇌방전 현상중에 구름과 대지사이에서 나타나는 방전현상인 대지방전을 말한다. 일반적으로 뇌방전의 대부분은 운내방전으로 이루어져 있지만, 뇌방전의 일부분인 대지방전이 더 중요시되고 관심의 대상이 되는 이유는 전력설비나 일반 건축물에 피해를 주기 때문이다.

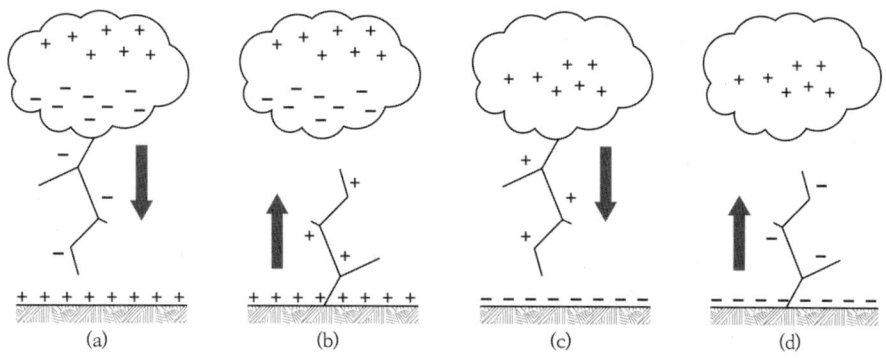

【그림 27】 진전방향과 극성에 따른 낙뢰의 종류

② 뇌운과 대지 간의 방전인 낙뢰는 하나 또는 그 이상의 간헐적인 부분방전으로 이루어져 있다. 전체 방전을 섬락(flash)이라 하며 이의 지속시간은 0.2[sec] 정도이다.

③ 각각의 방전요소들을 뇌격(stroke)이라 하며 발광 단계는 수십 [μs] 범위에서 관측된다. 보통 각각의 섬락은 3~4개의 뇌격으로 이루어지고, 각각의 뇌격은 40[μs]나 그 이상의 간격을 두고 일어난다.

④ 뇌운과 대지 간 방전은 보통 -10[C]보다 적은 양의 전하를 가지며 뇌운으로부터 대지로 또는 대지로부터 뇌운으로 향하는 형태를 가진다. 대지 방전, 낙뢰는 【그림 27】과 같이 진전방향과 극성에 따라 다음과 같은 4개의 종류로 구분할 수 있다.

(가) 부(-)극성 하향리더에 의한 낙뢰

【그림 27】-ⓐ의 경우로, 뇌운의 부(-)전하 부분이 대지를 향해 리더방전이 하향으로 한 후 지면으로부터 귀환뇌격이 발생하는 형태로 가장 일반적인 대지 방전이다.

(나) 정(+)극성 상향리더에 의한 낙뢰

【그림 27】-ⓑ의 경우로, 대지의 정(+)전하의 리더가 뇌운을 향해 상향으로 진전하여 발생하는 뇌격이다. 이런 형태의 대지 방전은 높은 철탑이나 산정상 등에서 발생할 수 있다.

(다) 정(+)극성 하향리더에 의한 낙뢰

【그림 27】-ⓒ의 경우로, 정(+)극성의 리더가 대지 쪽으로 진전하여 일어나는 뇌격이다.

(라) 부(-)극성 상향리더에 의한 낙뢰

【그림 27】-ⓓ의 경우로, 대지로부터 부(-)극성의 리더가 뇌운 쪽으로 진전하여 발생한다.

⑤ 【그림 27】에서 보는 바와 같이 하향으로 진전하는 스텝리더의 선단이 대지에 접근함에 따라 다른 극성의 전하와 결합하는 순간 선단 부근은 실효적으로 대지전위와 같아지며 나머지 선행 방전로는 부(-)로 대전된 상태이다.

⑥ 이때 선행 방전로는 잔류하는 (-)전하의 영향으로 (+)극성의 전하로 이루어진 귀환 뇌격을 통과시키는 전송로가 된다. 선행 방전로 위에 분포한 부(-)전하는 (+) 극성 전하의 이동인 귀환뇌격에 의해 급속도로 중화되며 연속적으로 정(+)전하가 뇌운 방향으로 이동한다.

⑦ 낙뢰의 90[%] 이상은 (-)전하를 띠며 (+)전하를 띤 낙뢰는 10[%] 정도 이하이다. 또한 (+)전하에 의한 뇌격전류는 (-)전하에 의한 뇌격전류보다 발생확률은 적지만, 전류의 평균크기는 높은 특성을 지니고 있어, (+)전하를 띤 낙뢰의 피해 가능성은 적지만 뇌격이 발생할 때 더 큰 피해가 발생할 수 있다.

⑧ 뇌방전 중에서도 특히 대지 방전이 일반 건축물에 피해를 유발하는 효과에 따른 분류에는 직격뢰와 유도뢰가 있다.

(가) 직격뢰(직접적 효과)

낙뢰가 구조물이나 전기설비 등과 같이 대지에 접한 곳이나 대지에 직접적으로 가격하는 경우로서 낙뢰로 인한 큰 뇌충격전류와 과전압이 침입하여 직접적인 피해를 준다. 물리적인 파괴와 이에 따른 화재 등이 주요 피해 양상이 된다.

(나) 유도뢰(간접적 효과)

일반적으로 전장의 변화 또는 자장의 변화에 의해 생기며 귀환뇌격에 의해 뇌운 전하가 중화되는 과정에서 발생된다. 이로 인해 발생되는 유도뢰는 방송장비 및 기타 전자기기 등을 파손하여 고장을 초래한다. 유도뢰에 수반하는 효과는 전자 펄스(electromagnetic pulse), 정전 펄스(electrostatic pulse), 대지 과도전류(earth current transient), 국부충전(bound charge) 등이 있다.

5 전력품질

1. 전력품질 (Power Quality)

일반적으로 전통적인 의미에서 전력품질은 주파수 유지율, 규정전압 유지율 및 정전 등 3대 요소로 규정하였으나, 최근 정밀기기, 정보화기기, 자동화 생산시설 및 컴퓨터 등 극히 짧은 시간에 나타나는 파형변화와 전압변화에 민감한 기기들의 보급이 증대되고 있으며, 태양광, 풍력 등 전력품질을 유지하기 어려운 신재생에너지원 보급이 확대되고 있으므로, 기존에는 문제되지 않았던 고조파, 플리커, 순간전압변동, 전압불평형, 순간정전 및 서지(surge) 등과 같은 새로운 개념의 전력품질에 대한 규정 및 관리가 필요하다.

2. 전력품질 표준화

IEEE-1159에서 전력품질을 표준화하였으며, 과도특성, 단주기변동, 장주기변동 및 파형왜곡의 4가지 주요 특성과 전압변동, 주파수 변동 등으로 구분되어있다.

가) 과도특성(Transient characteristic)

【표 1】 전력품질의 과도특성 표준

항 목		일반 유형	구분	크기
임펄스 (Impulsive)	나노 Sec. (Nanosecond)	5[ns] 상승	< 50[ns]	-
	마이크로Sec. (Microsecond)	1[ms] 상승	50[ns] ~ 1[ms]	-
	밀리 Sec. (Mili Second)	0.1[ms] 상승	> 1[ms]	-
진동 (Oscillatory)	저주파수 (Low Freq.)	< 5[kHz]	0.3 ~ 50[ms]	0 ~ 4[pu]
	중간주파수 (Medium Freq.)	5 ~ 500[kHz]	20[ms]	0 ~ 8[pu]
	고주파수 (High Freq.)	0.5 ~ 5[MHz]	5[msec]	0 ~ 4[pu]

5 전력품질

나) 단주기 변동(Short duration variation)

【표 2】 전력품질의 단주기 변동 표준

항목		구 분	크 기
순시 (Instantaneous)	순간전압강하 (Sag)	0.5 ~ 30[cycle]	0.1 ~ 0.9[pu]
	순간전압상승 (Swell)	0.5 ~ 30[cycle]	1.1 ~ 1.8[pu]
순 간 (Momentary)	정전 (Interruption)	30[cycle] ~ 3[s]	< 0.1[pu]
	순간전압강하 (Sag)	30[cycle] ~ 3[s]	0.1 ~ 0.9[pu]
	순간전압상승 (Swell)	30[cycle] ~ 3[s]	1.1 ~ 1.4[pu]
일 시 (Temporary)	정전 (Interruption)	3[s] ~ 1[min]	< 0.1[pu]
	순간전압강하 (Sag)	3[s] ~ 1[min]	0.1 ~ 0.9[pu]
	순간전압상승 (Swell)	3[s] ~ 1[min]	1.1 ~ 1.2[pu]

다) 장주기 변동(Long duration variation)

【표 3】 전력품질의 장주기 변동 표준

항목	구분	크기
영구 정전 (Sustained Interruption)	> 1[min]	0.0[pu]
저전압 (Under Voltage)	> 1[min]	0.8 ~ 0.9[pu]
과전압 (Over Voltage)	> 1[min]	1.1 ~ 1.2[pu]

라) 파형왜곡(Waveform distortion)

【표 4】 전력품질의 파형왜곡 표준

항 목	일반유형	구 분	크 기
DC 오프셋(DC Offset)	-	정상상태	0 ~ 0.1[%]
고조파(Harmonics)	0 ~ 100차 고조파	정상상태	0 ~ 20[%]
차수간 고조파(Inter Harmonics)	0 ~ 6[kHz]	정상상태	0 ~ 2[%]
나칭(Notching)	-	정상상태	-
노이즈(Noise)	-	정상상태	0 ~ 1[%]

마) 전압불평형(Voltage unbalance/ Imbalance)

【표 5】 전력품질의 전압불평형 표준

항 목	구 분	크 기
전압불평형 (Voltage Unbalance)	정상상태	0.5 ~ 2[%]

바) 전압변동(Voltage fluctuation, Flicker)

【표 6】 전력품질의 전압변동 표준

항 목	일반유형	구 분	크 기
전압변동 (Voltage fluctuation)	< 25[Hz]	간헐적	0.1 ~ 7[%]

사) 주파수 변동(Power frequency variation)

【표 7】 전력품질의 주파수 변동 표준

항 목	구 분
주파수 변동 (Power frequency Variation)	< 10[sec]

3. 과도특성 전력품질(Transient Characteristic Power Quality)

과도특성을 갖는 전력품질로서 임펄스(Impulse)형태의 에너지 파형 또는 진동(Oscillatory) 형태의 파형이 0.5[Hz] 안에서 정현파 전원 및 신호에 중첩되어 아주 빠르게 유입되어지는 현상으로, 낙뢰나 전력계통 또는 대형 산업설비의 사고에 의한 고장으로 발생되며, 배전선로, 통신선, 접지선으로 유입되어 마이크로프로세서를 이용하는 첨단 장비를 소손시킨다.

4. 단주기변동 전력품질(Short duration variation Power Quality)

전력품질의 단주기 변동은 지속시간에 따라 순시(instantaneous : 0.5~30사이클), 순간(momentary : 0.5~3초), 일시(temporary : 3초~3분)로 구분하며, 일반적으로 순시(0.5~30사이클)인 경우의 Sag와 Swell을 순간전압강하, 순간전압상승이라 표현한다.

가) 순간전압강하(Voltage Sag, Dip)

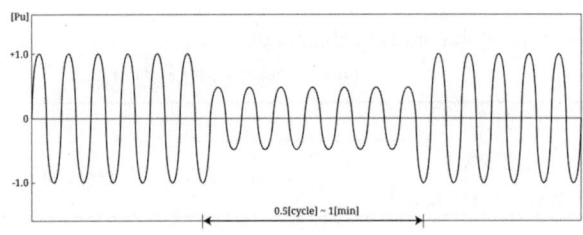

【그림 1】 순간전압강하 파형

순간전압강하는 정격주파수에서 0.5사이클~1분 정도까지의 지속시간으로 전압·전류 실효치의 0.1~0.9pu의 전압감소(강하)로 규정한다. 순간전압강하에 대하여 미국에서는 Voltage sag, 유럽(IEC)에서는 Voltage dip으로 표현하며 파형은 【그림 1】과 같다.

순간전압강하의 원인은 대부분 계통에서 발생되는 사고에 의한 것이고, 배전계통의 경우 대형모터의 기동이나 대형부하의 충전 등에도 영향을 받는다. 순시전압저하에 민감한 전기기기는 컴퓨터, 전자개폐기에 사용되는 모터, 전력용 반도체 응용 가변속 모터, 고압방전등 및 부족전압 계전기 등이다. 순간전압강하나 순간전압상승을 보상하기 위한 기기는 관성모멘트를 가진 회전기, 플라이휠 또는 응급전원이 있는 회전기, UPS(Uninterruptible Power Supply), 초전도 전기에너지 저장장치(SMES), 정적 무효전력보상장치(SVC, STATCOM), 동적 전압보상장치(DVR) 등이 있다.

나) 순간전압상승(Voltage Swell)

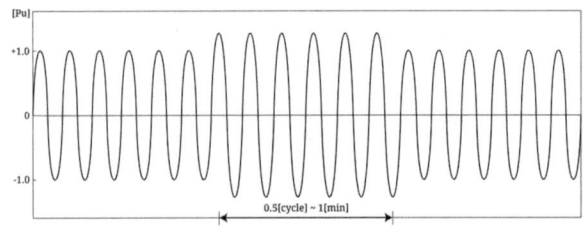

【그림 2】 순간전압상승 파형

순간전압상승은 정격주파수에서 0.5사이클 ~ 1분 정도의 지속시간으로 전압·전류 실효치의 1.1 ~ 1.2[pu]의 전압 증가로 규정하며, 파형은 【그림 2】와 같다. 순간전압강하와 마찬가지로 순간전압상승도 계통사고와 밀접한 관련을 가지고 있지만, 순간전압강하만큼 일반적인 현상은 아니다. 1선 지락사고 시 건전상의 순간적인 전압상승이 발생할 수 있으며, 대형부하의 스위칭과 커패시터 뱅크의 충전에 의해서도 발생될 수 있다. 순간전압상승은 실효치 크기와 지속시간으로 특정 지어지는데, 사고 시 전압상승에 대한 가혹도는 사고점 위치와 계통임피던스, 접지 등의 함수로 나타내어진다.

다) 순간전압변동 지수

IEEE Standard 1159에서 순간전압변동 지표로 SARFIX 지수를 제시하였으며, 계통의 신뢰도 평가에 사용되는 SAIFI(System Average Interruption Frequency Index)와 유사한 방식으로 산출되나, SAIFI가 영구정전을 다루는데 비해 SARFIX는 순간전압변동을 나타낸다.

SARFIX 지수는 송배전계통의 사고 기록 및 수용가 기기의 특성, 가능한 순간전압강하 발생조건 등을 바탕으로 추정될 수 있으며, 정확한 평가를 위해서 지속적인 모니터링이 필요하다. SARFIX 지수는 순간전압강하의 지속시간에 따라 SIARFIX, SMARFIX, STARFIX로 구분한다.

SIARFIX는 단일 개소에서 모니터링 기간동안 한계전압 %V보다 상승하거나 저하된 순시(Instantaneous) 전압상승 및 전압강하를 대상으로 총 수용가 수 N_T에 대해, 이를 위반하는 수용가 수 N_i의 비율로 표현한다.

$$-SARFI_{\%V} = \frac{N_i}{N_T}$$

단, %V : 전압한계 140, 120, 110, 90, 80, 70, 50, 10)

라) 산업체의 전압 민감도 곡선(CBEMA, ITIC, SEMI)

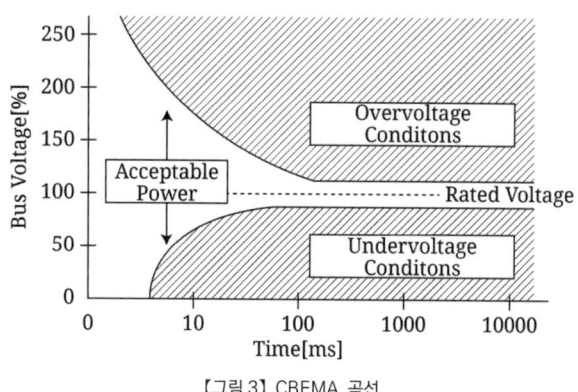

【그림 3】 CBEMA 곡선

【그림 3】의 CBEMA 곡선은 미국의 컴퓨터설비 제조연합(Computer Business Equipment Manufacturers Association CBEMA)에 의해 제안된 것으로 전압변동에 민감한 컴퓨터 산업제조에 적용되었고, ITIC(Information Technology Industry Council)에서는 120[V], 240[V]에서 동작하는 정보 처리기기들의 단상 Data에 대한 권고 곡선을 제시하였다. 또한 전력품질에 매우 민감한 공정을 가지는 반도체 산업체들의 협회인 SEMI(Semiconductor Equipment and Materials International)에서는 막대한 손실을 가져오는 순간전압강하에 대한 기기들의 민감도와 시험방법을 개발하기 위해 적용하는 SEMI 곡선을 개발하였다.

마) 순간정전, 일시정전(Momentary Interruption, Temporary Interruption)

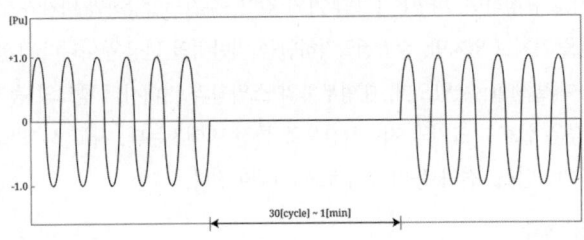

【그림 4】 정전 파형

순간(momentary : 30cycle ~ 3sec)정전과 일시(temporary : 3sec ~ 1min)정전은 공급전압이 1분을 초과하지 않는 범위 내에서 0.1[pu] 이하로 감소하는 현상으로 파형은 【그림 4】와 같다. 순간정전은 계통사고나 기기사고, 제어 오동작 등에 의해 일어나며, 전압크기가 항상 정격전압의 10% 이하이기 때문에, 지속시간에 의해서만 측정된다.

5. 장주기 변동 전력품질(Long duration variation Power Quality)

전력품질의 장주기 변동은 지속시간이 1분 이상인 경우의 전압변동으로 정전, 저전압, 과전압 현상으로 분류된다.

가) 정전(Sustained Interruption)

정전은 전통적인 전력품질 요소로, 전압이 0[pu]까지 저하되고, 지속시간이 1분 이상인 경우이며, 다음과 같은 지수가 사용되고 있다.

① 호당정전회수(SAIFI)

$$\frac{\sum N_y}{N_t} \text{ [회/호]}$$

② 호당정전시간(SAIDI)

$$\frac{\sum (R_y N_y)}{N_t} \text{ [분/호]}$$

③ 평균정전시간(CAIDI)

$$\frac{\sum (R_y N_y)}{\sum N_y} \text{ [분/호]}$$

④ 연간공급가능률(ASAI)

$$\frac{N_t \cdot \text{연간시간수} - \sum (R_y N_y)/60}{N_t \cdot \text{연간시간수}} \times 100$$

$$= \frac{8,760 - SAIDI/60}{8,760} \times 100(\%) \text{ [분/호]}$$

⑤ 호당순간정전회수(MAIF)

$$\frac{\sum (ID_y N_y)}{N_t} \text{ [회/호]}$$

N_y : 정전 y에 의해 정전된 수용가수

N_t : 총 수용가수(통상 기말의 수용가수)

R_y : 정전 y의 지속시간(분)

ID_y : 정전 y시에 차단기의 절체에 의해 발생한 순간정전의 횟수

참고노트

※ SAIFI : System Average Interruption Frequency Index
　SAIDI : System Average Interruption Duration Index
　ASAI　: Average Service Availability Index
　CAIDI : Customer Average Interruption Duration Index
　MAIF　: Momentary Average Interruption Frequency Index

나) 저전압(Under Voltage)

교류전압 실효치 변동으로 전압크기가 0.8~0.9[pu]로 지속시간이 1분 이상인 경우이다.

다) 과전압(Over Voltage)

교류전압 실효치 변동으로 전압크기가 1.1~1.2[pu]로 지속시간이 1분 이상인 경우이다.

6. 파형왜곡(Waveform distortion) 전력품질

파형왜곡은 정상상태에서 이상적인 정격주파수(60[Hz])의 정현파(사인파)의 파형이 왜곡되는 현상이다.

가) DC 오프셋(DC Offset)

정상상태에서 교류 시스템에서의 존재하는 직류전압, 전류이다.

나) 나칭(Notching)

전력전자장치의 정상운전 시 전류가 한 상에서 다른 상으로 전류(轉流)될 때 일어나는 주기적인 전압 장해

다) 노이즈(Noise)

중첩되는 200[kHz] 이하의 광대역의 스펙트럼 크기를 가지는 예기치 않은 전기적인 신호

7. 고조파 (Harmonics), 차수간 고조파 (Inter Harmonics)

고조파(高調波, Harmonics)는 기본파에 대하여 정수배가 되는 주파수로서, 주기적 복합파의 각 성분 중 기본파 이외의 것으로 정의하며, n차 고조파는 기본파의 n배 주파수이며, 노이즈와는 구별되는 파형이다. 전력계통에서 측정되는 전압, 전류 파형은 【그림 5】와 같이 기본파에 고조파 파형이 합성되어 나타난다. 관리 대상의 고조파는 일반적으로 약 50차(약 3[kHz])까지이며, 특히 3, 5, 7차 고조파가 현실적으로 문제가 되며, 직류사용기기에서는 고차고조파(11차 이상 고조파)가 다수 나타나기도 한다. 일반적으로 왜형파는 무한개의 고조파를 포함하고 있고, 고차일수록 그 함유율은 감소한다.

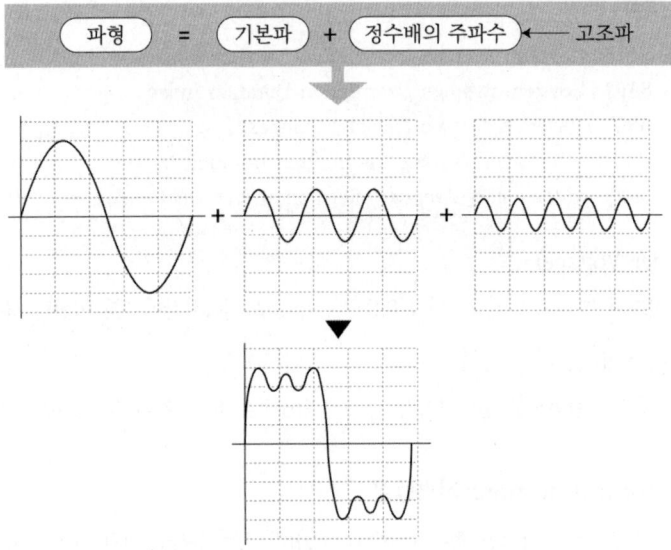

【그림 5】 기본파와 고조파의 합성

아래 【표 8】에서 2고조파(120[Hz])와 3고조파(180[Hz]) 사이의 주기적인 주파수(121 ~ 179[Hz])와 같이 기본파의 정배수가 아닌 고조파는 차수간 고조파(Inter Harmonics)로 구분한다.

【표 8】 고조파 차수

구 분	주파수
기본파	60[Hz]
2고조파	120[Hz]
차수간 고조파(Inter Harmonic)	121 ~ 179[Hz]
3고조파	180[Hz]
⋮	⋮
n 고조파	n × 180[Hz]

고조파전류의 발생원으로는 변압기, 회전기 등의 자기포화에 의한 것과 아크로와 같은 비선형 기기에 의한 것, Thyristor 위상제어에 의한 교류전력 조정에 의한 것, 정류기와 같은 전력변환기기에 의한 것 등 매우 다양하며, 고조파가 전력설비에 미치는 영향은 다음과 같다.

① 회전기기 : 철손과 동손에 의한 온도상승, 기계적 공진 주파수에 근접한 고조파에 의한 큰 기계적 스트레스 발생
② 변압기 : 철손과 동손의 증가, 변압기 권선과 선로의 정전용량에 의해 공진 발생, 절연손실이 발생, 고조파에 의해 소음증가 및 온도 증가
③ 전력선 : 3배수 고조파에 의한 중성선 과열, 계전기 오동작, 통신선에 영향 발생되며, 전압 스트레스와 코로나에 의한 절연파괴, 표피효과에 의한 유효저항 증가로 과열
④ 캐패시터 : 주파수 증가에 따른 리액턴스 감소로 고조파 전류 유입하여 과열 및 공진 유발
⑤ 제어설비 : 공진에 의한 높은 고조파 전압/전류에 의한 영향, 고조파 왜형에 의한 상 불평형은 장치의 오동작 원인

고조파에 대한 대책으로 변환기의 다펄스화, 제어각 저감 및 전류(轉流)리액턴스를 증가하여 고조파 발생량을 저감하는 방법, 수동필터 또는 능동필터의 설치, 계통분리, 단락용량증대, 공급선로의 전용화 등으로 임피던스를 변경하는 방법과 기기의 고조파 내량을 강화하는 방법 등이 있다.

(가) 대칭좌표에 의한 고조파 구분

3상회로의 경우 고조파는 【표 9】와 같이 상회전 방향에 따라 정상분 고조파, 역상분 고조파, 영상분 고조파로 구분된다.

【표 9】 대칭좌표법에 의한 고조파 구분

구분	벡터도	고조파 종류
정상분 고조파	I_a, I_b, I_c	(3n-2)차 : 4차, 7차, 10차, …
역상분 고조파	I_a, I_b, I_c	(3n-1)차 : 5차, 8차, 11차, …
영상분 고조파	I_a, I_b, I_c	(3n)차 : 3차, 6차, 9차, …

정상분과 역상분 전류 고조파는 A, B, C상의 위상차가 120°이므로 중성선에서 상쇄되며, 영상분 고조파인 3배수 고조파인 경우 중성선에 흐르는 전류는 다음과 같다.

각상에 흐르는 3고조파 전류를 I_{a3}, I_{b3}, I_{c3} 라고 하면

$$I_{a3} = I_m \sin 3\omega t$$

$$I_{b3} = I_m \sin 3(\omega t - 120°) = I_m \sin 3\omega t - 360°$$

$$= I_m \sin 3\omega t$$

$$I_{c3} = I_m \sin 3(\omega t - 240°) = I_m \sin 3\omega t - 720°$$

$$= I_m \sin 3\omega t$$

따라서 중선선에 흐르는 전류의 합은 다음과 같다.

$$I_{a3} + I_{b3} + I_{c3} = I_m \sin 3\omega t + I_m \sin 3\omega t + I_m \sin 3\omega t$$

$$= 3I_m \sin 3\omega t$$

즉 중성선에 흐르는 3차고조파는 $3I_m \sin 3\omega t$가 되며, 이것은 상에 흐르는 3차고조파가 중성선에 중첩되어 3배의 크기로 흐르는 것이다. 이와 같이 중성선에서 상쇄되지 않는 영상고조파(3배수 고조파 : 3차, 6차, …)는 중성선, NGR의 과열 등의 원인이 된다.

(나) **푸우리에 분석(Fourier analysis)**

전압, 전류의 왜형파는 다음과 같이 Fourier 급수를 이용하여 기본주파수(60[Hz])와 기본주파수의 정수배 주파수성분($n \times 60[Hz]$)인 고조파로 분해하여 해석할 수 있으며, 주기가 T인 왜형파의 시간함수 $f(t)$를 Fourier 급수로 전개하면 다음과 같다.

$$f(t) = a_0 + a_1 \sin\omega t + a_2 \sin 2\omega t + \cdots$$

$$+ B_1 \cos\omega t + B_2 \cos 2\omega t + \cdots$$

$$= a_0 + \sum_{n=1}^{\infty} a_n \cos n\omega t + \sum_{n=1}^{\infty} b_n \sin n\omega t$$

$$(\omega = 2\pi f = \frac{2\pi}{T}, \ a_0 는 직류분)$$

여기에서 주파수가 가장 낮은($n=1$) 정현파를 기본파라 하고, 그 이외의 주파수($n>1$)를 제n차 고조파라고 정의한다.

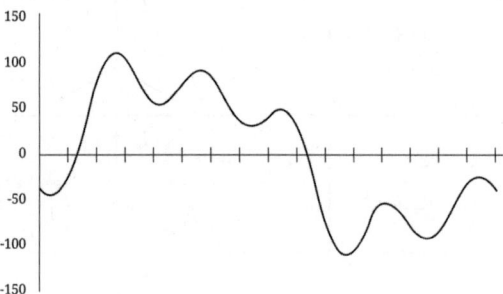

【그림 6】 왜형파(기본파와 고조파 합성)

【그림 6】과 같은 왜형파는 【그림 7】의 기본파(60[Hz] 성분) 성분과 【그림 8】의 3고조파(180[Hz]), 5고조파(300[Hz]) 성분으로 분해할 수 있다.

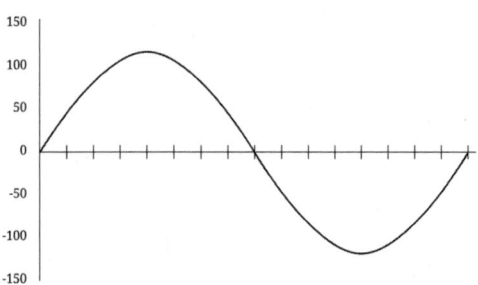

【그림 7】 기본파 파형(60[Hz])

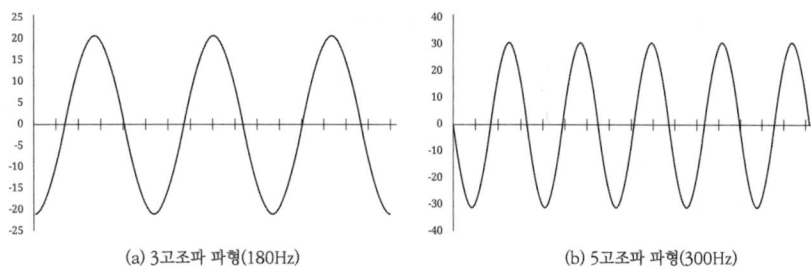

【그림 8】 고조파 파형

(다) 고조파 지수(Harmonic Index)

고조파 왜형의 정도를 나타내는 일반적인 지수는 종합왜형률(THD : Total Harmonic Distortion) 및 각 차수별 고조파 함유율이다. 전압고조파 종합왜형률은 전압의 기본파성분 실효치에 대한 전체 전압 고조파성분 실효치의 비율이다.

$$전압고조파\ 종합왜형률 = \frac{\sqrt{\sum_{n \geq 2} V_n^2}}{V_1} \times 100(\%)$$

각 차수별 전압 고조파 함유율은 전압 기본파성분 실효치에 대한 특정 차 수의 전압 고조파성분 실효치의 비율이다.

$$\frac{n차\ 고조파\ 전압}{기본파\ 전압} = \frac{V_n}{V_1} \times 100(\%)$$

여기서, V_n : 제n차 고조파 전압의 실효치($n \geq 2$), V_1 : 기본파 전압의 실효치

(라) 고조파 관리기준

계통의 고조파 관리는 전력회사와 고객이 책임을 분담한다. 고객은 변전소 모선용량, 선로임피던스, 계약용량 등에 의하여 할당된 범위 이내에서 고조파 전류를 유출할 수 있으며, 전력회사는 계통의 전압고조파 수준이 일정 수준 이하로 유지하여야 한다.

계통의 고조파를 일정 수준 이하로 유지하기 위하여 관리기준은 전기공급약관 세칙 26조와 같다.

【표 10】 전기공급약관 고조파 관리기준

홀수 고조파 (비 3배수)		홀수 고조파 (3배수)		짝수 고조파	
차수(h)	고조파전압(%)	차수(h)	고조파전압(%)	차수(h)	고조파전압(%)
5	1.8	3	1.5	2	0.6
7	1.5	9	0.5	4	0.3
11	1.1	h≥15	0.1	6	0.2
13	0.9			8	0.2
17	0.6			h≥10	0.1
19	0.5				
23	0.4				
25	0.4				
29	0.3				
31	0.3				
h≥35	0.2				

주) 고조파 종합왜형률(THD) : 송전계통 3%

8. 전압불평형(Voltage Unbalance/Imbalance)

일반적으로 전력계통의 전압불평형 원인은 단상부하에 의한 부하 불평형에 의한 것이다. 전기기기의 불평형 부하는 설비의 이용률을 저하시키는 원인이 되므로, 전기사업자는 불평형 부하를 억제하고 있다.

불평형 부하는 평형 3상 전력회로에 역상전류를 흐르게 하고, 역상전류에 의한 전압강하가 발생하여 계통의 전압이 불평형이 된다. 역상전류에 의한 전압 강하는 계통의 역상임피던스에 비례하게 된다. 발전기의 역상임피던스는 과도 직축 리액턴스와 근사적으로 같고 선로와 변압기 등 정지기기의 역상임피던스는 정상임피던스와 거의 동일하므로 전압불평형은 불평형부하의 크기에 비례하고 계통단락용량에 반비례하게 된다.

가) 전압불평형률 및 관리

대칭좌표법을 이용하면 전압불평형률은 다음과 같이 표현된다.

$$불평형률 = \frac{역상전압}{평균값} \times 100(\%)$$

$$\cong \frac{등가\ 단상부하의\ 크기}{계통\ 삼상\ 단락용량} \times 100(\%)$$

역상전류는 전동기에 역방향토크를 발생시켜 유효토크를 감소시키며, 국부적인 가열현상을 초래하여 절연 열화를 촉진시킨다. NEMA, $MG1$ 규격에 의하면 전압불평형이 발생하면 일반적으로 3상 권선을 갖는 회전기 모두 영향을 받으며, 3상 유도전동기가 가장 큰 영향을 받는다. 3.5[%]의 전압불평형률은 전동기의 출력 약 15[%] 감소, 온도상승 10[℃] 이상 상승 및 손실 4[%] 정도 증가한다. 따라서 IEC 관련 규격은 저압계통에서 2[%], 회전기의 정격과 성능에서는 1[%] 또는 수 분 동안 1.5[%] 이하로 규정하고 있다. 우리나라 전기설비기술기준에서는 3[%]로 정하고 있으나, 전력계통에 있어서 전압불평형의 영향은 광범위하므로 기준치를 강화시킬 필요가 있다.

전압불평형에 대한 대책으로는 불평형 보상장치 설치, 단상부하의 크기를 감소하거나 계통 삼상단락용량이 큰 변전소로부터 인입선을 구성하는 방법 등이 있다.

9. 전압변동(Voltage fluctuation, Flicker)

무효전력 소비가 크고, 부하전류의 크기가 연속적이고 빠르게 변동하는 부하가 있는 경우 전원계통에 전압변동을 일으킨다. 교류식 전기철도 부하와 같이 몇 분~수십 분 정도의 전압변동은 전동기, 정류기 및 자동제어시스템 등에 영향을 주고, 변전소의 전압조정장치의 동작빈도를 증가시킨다. 또한, 아크로 부하 등과 같은 몇 초 정도 이하 주기의 전압변동은 상기 영향 외에 전기조명기의 깜박임 및 TV 화면의 동요를 발생시킨다. 전압변동은 일련의 랜덤한 전압변화를 말하며, 그 크기는 보통 ANSI 규정에서 0.9~1.1[pu]를 벗어나지 않는다. 플리커라는 말은 백열전구가 전압변동에 의하여 인간의 눈에 플리커로서 인지되는 것으로부터 유래되었다. 전압변동과 플리커는 표준규격에서 종종 혼용되고 있다. 이러한 전압변동을 나타내기 위하여 전압플리커(Voltage Flicker)라는 용어를 사용하고 있으며 파형은 【그림 9】와 같다.

IEC에서는 시간에 따라 변하는 빛의 자극에 의한 시각적 영향(불쾌감)으로 정의하고 있다.

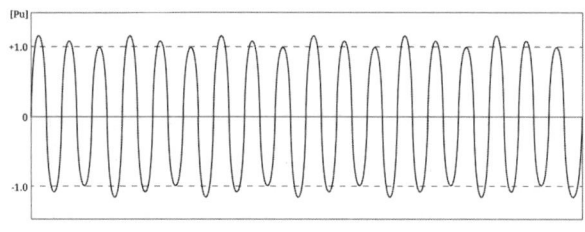

【그림 9】 플리커 파형

플리커에 대한 방지대책으로는 고객 측에 정지형 무효전력 보상장치(SVC, STATCOM) 등을 설치하여 부하의 무효전력 변동을 보상하는 방법과 전압변동은 공급점의 단락용량에 반비례하므로 단락용량이 큰 계통에서 공급하는 방법 등이 있다.

가) 플리커 지수

플리커 지수는 일본 전력중앙연구소에서 개발하여 우리나라, 일본, 대만에서 사용 중인 ΔV_{10}과 IEC에서 적용하고 있는 P_{st}와 P_{lt}가 있다.

나) ΔV_{10}

ΔV_{10}은 전압플리커의 척도로 플리커 전압을 주파수 분석하여 인간의 눈에 가장 민감하다고 생각되는 10[Hz]의 전압성분을 등가 환산한 것으로 이에 계산은 다음 공식과 【그림 10】의 시감도 곡선에 의한다.
$\Delta V_{10} = 1$[%]는 교류전압이 100[V]로부터 99[V]까지의 사이를 1초 동안 10회 정현파 모양으로 변화하는 경우이다.

$$\Delta V_{10} = \sqrt{\sum_{f=1}^{\infty}(a_f \cdot \Delta V_f)^2}$$

여기서 a_f : 어느 주파수의 시감도 계수이고,

ΔV_f : 전압동요를 1분 간격으로 주파수 분석하여 얻은 어느 주파수의 전압변동의 크기이다.

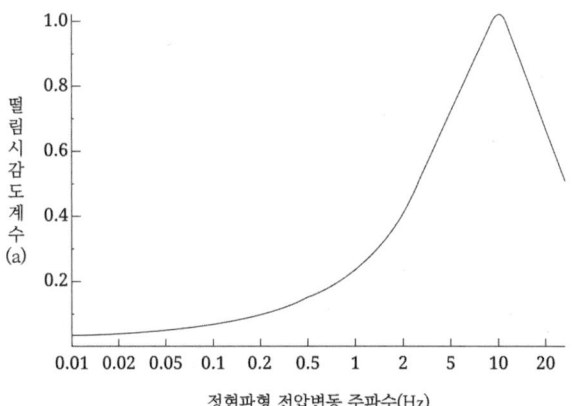

주파수(Hz)	떨림 시감도
0.01	0.026
0.05	0.055
0.1	0.075
0.5	0.169
1.0	0.26
3.0	0.563
5.0	0.78
10.0	1.0
15.0	0.845
20.0	0.655
30.0	0.357

【그림 10】 시감도 곡선과 시감도 계수

다) P_{st}, P_{lt}

IEC 규격에서 플리커를 나타내는 지표로 P_{st}(단기 플리커 지수)와 P_{lt}(장기 플리커 지수)를 적용하고 있다. 피측정자에게 230[V]-50[Hz]-60[W] 백열전구의 전압과 분당 변동반복회수(변동주파수)를 가변하여 피 측정자의 50[%] 이상이 백열전구의 깜박임을 인지하는 기준점(P_{st} = 1 곡선)을 이용한 지수로서 P_{st}(Short Term Flicker Indicator)는 10분 측정된 플리커 지수로서 단시간 동안 동작하는 개별적인 전압변동원의 관찰에 적용된다. P_{lt}(Long Term Flicker Indicator)는 아래 식과 같이 12개의 연속적인 P_{st}값으로 계산되는 2시간 동안 측정된 플리커 심각도 지수로 정의하며 간헐적으로 부하가 변동되거나, 몇 개의 부하가 집합적으로 변동되는 경우에 적용한다.

$$P_{lt} = \sqrt[3]{\sum_{i=1}^{12} \frac{P_{sti}^{3}}{12}}$$

라) 플리커 관리기준

전기공급약관 세칙 26조의 전압플리커 관리기준은 고객이 신규 신청 시 최대전압 변동률을 예측계산하여 2.5[%] 이하이고, 실측 시 $\triangle V_{10}$ 기준으로 1시간 평균치가로 0.45(%V) 이하이다. 최대전압 변동률 예측은 다음 공식에 의하여 산출되는 백분율로 표시한 최대전압 변동률 $\triangle V_{max}$(100[V] 기준)으로 예측한다.

$$\triangle V_{max} = \frac{\triangle Q_{max}}{P_s} \times 100(\%)$$

$\triangle Q_{max}$: 최대무효전력 변동량[MVA]

P_s : 규제지점의 전원단락용량[MVA]

10. 주파수변동(Power frequency variation)

전력계통의 부하 용량과 발전기 용량의 불균형에 의해 발생되는 현상이다. 주파수 변동에 의해 유도기기의 효율저하, 회전수의 변동에 따른 진동 및 소음발생, 전기시계 등의 시차발생, 정밀제어를 요구하는 생산업체에서 제품의 품질저하 및 손실발생, 로봇과 자동제어기기의 정밀도 저하, 시험소등의 정밀측정기기에 측정결과의 오차증대 등이 발생된다.

PART 01 기초 이론
과년도 문제풀이 (제93~120회)

전기(회로)이론

- 제 93회 1-10번, 4-01번
- 제 94회 1-07번
- 제 95회 1-07번, 1-08번, <u>4-03번</u>
- 제 96회 1-09번
- 제 97회 1-06번, <u>2-02번</u>
- 제 98회
- 제 99회 1-12번
- 제100회 1-04번, 1-12번, 4-01번
- 제101회 1-02번, 1-03번, 4-01번
- 제102회 1-11번, 3-01번
- 제103회 1-06번, 1-12번
- 제104회
- 제105회
- 제106회 1-05번, 1-08번
- 제107회 1-07번, 1-11번, 1-12번
- 제108회 1-01번, 1-09번
- 제109회
- 제110회 1-13번
- 제111회 1-10번
- 제112회
- 제113회 1-02번, 3-02번
- 제114회 1-06번, 1-13번
- 제115회 1-13번, 4-04번
- 제116회 1-03번, 1-04번, 1-11번
- 제117회 1-07번, 1-13번, 2-04번, 2-05번
- 제118회 1-13번
- 제119회 1-06번, 3-02번
- 제120회

■ 회로이론 관련 문제경향

1. 회로원론 (20% 이하)
   1) 테브난, 노튼의 정리
   2) 정전압원, 정전류원
   3) 선로정수
   4) 표피효과, 근접효과

2. 회로해석 및 계산 (70% 이상)
   1) 유효전력, 무효전력, 역률 계산
   2) 단자전압, 단자전류 계산
   3) 순시값, 과도현상
   4) RLC 직렬회로, 공진, 최대전력전송조건
   5) 대칭좌표법, 1선지락 해석
   6) 전압강하, 벡터해석

3. 전기재료 (10% 이하)
   1) 절연물 종류
   2) 절연물 열화

■ 미출제 분야

1) 교류도체 실효저항
2) 평균값과 실효값, 비정현파 교류
3) 키르히 호프의 법칙, 비오사바르 법칙
4) 복소전력, 접지콘덴서 계산, 페란티 현상
5) 플레밍 전자유도법칙, 전자력의 법칙
6) 중성점 불안정 현상, 철공진
7) 자속방전 조건, 파센의 법칙
8) 유전체, 유전율, 유전체손
9) 3상단락사고
10) 열전효과

과년도 문제풀이   PART 01 기초 이론

제93회 1교시 10번   전기(회로)이론

문제   테브난 정리와 노튼정리를 설명하고 두 정리가 본질적으로 동일함을 보이시오.

답안

1. 개요
1) 테브난의 정리와 노튼의 정리는 쌍대관계에 있다.

2. 테브난 정리와 노튼의 정리

가. 테브난 정리

1) 다음 그림과 같이 능동회로에 a, b 단자를 끌어낸 전압을 V라 하고 a, b 단자로부터 회로망측을 본(전압원 단락) 임피던스를 Z_0라 할 때 a, b 단자에 임피던스 Z_L을 접속하면 흐르는 전류는

$$I = \frac{V}{Z_0 + Z_L} \text{가 된다.}$$

2) 등가회로

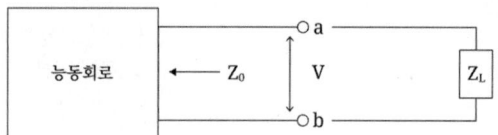

나. 노튼 정리

1) 다음 그림과 같이 a, b 단자를 단락했을 때 단락전류를 I_s라 하고 a, b 단자에서 회로망을 본 어드미턴스를 Y_0라 하면 a, b 사이에 Y_L을 접속했을 때 흐르는 전류는

$$I = \frac{Y_L \times I_s}{Y_0 + Y_L} \text{가 된다.}$$

2) 등가회로

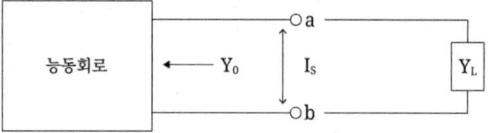

다. 동일함 증명

1) $I = \dfrac{V}{Z_0 + Z_L} = \dfrac{V}{\dfrac{1}{Y_0} + \dfrac{1}{Y_L}} = \dfrac{Y_0 \times Y_L \times V}{Y_0 + Y_L} = \dfrac{Y_L}{Y_0 + Y_L} \times I_s$

2) 여기서 $I_s = Y_0 \times V, \ Y_0 = \dfrac{V}{Z_0}$ 임

위 식에 의해 테브난의 정리와 노튼의 정리가 같음을 알 수 있다.

제93회 4교시 01번　　　　　　　　　　　　　　　　　　　　전기(회로)이론

문제 RLC로 구성된 부하에 공급되는 전압 $v(t)$, 전류 $i(t)$의 순시값이 다음과 같다.
$v(t) = V_{\max}cos(wt+\alpha)$
$i(t) = I_{\max}cos(wt+\beta)$
1) 부하에 공급하는 순간전력 $P(t)$를 구하시오.
2) 앞의 결과를 이용하여 부하에 공급되는 유효전력 $P[\text{W}]$와 무효전력 $Q[\text{Var}]$를 정의하고 그 의미를 설명하시오.

답안

1. 개요
1) 건축물 교류전력 계통은 RLC로 구성된 부하이며, 이에 공급되는 전력은 순시전력으로 공급전력 피상분은 유효전력과 무효전력으로 구분된다.
2) 이러한 전력의 복소전력과 벡터해석으로 계통을 해석할 수 있다.

2. RLC 교류회로의 전력

가. R만의 회로의 전력
1) 저항부하인 경우 → 전압과 전류는 같은 위상
2) 평균 전력 : 순시 전력 $P = VI[\text{W}]$의 1주기에 대한 평균값

나. L만의 회로의 전력
1) 인덕턴스 부하인 경우 → 전압은 전류보다 $\dfrac{\pi}{2}[\text{rad}]$만큼 빠르다.
2) 전자 에너지($W_L = \dfrac{1}{2}LI^2[\text{J}]$)로 축적되어도 소비되는 전력은 없다.
3) 순시 전력 : $P(t) = -VIsin(2wt)[\text{VA}]$
4) 평균 전력(1주기 평균값) $P = 0[\text{VA}]$

다. C만의 회로의 전력
1) 콘덴서 부하인 경우 → 전압은 전류보다 $\dfrac{\pi}{2}[\text{rad}]$만큼 느리다.
2) 정전 에너지($W_C = \dfrac{1}{2}CV^2[\text{J}]$)로 축적되어도 소비되는 전력은 없다.
3) 순시 전력 : $P(t) = +VIsin(2wt)[\text{VA}]$
4) 평균 전력(1주기 평균값) $P = 0[\text{VA}]$

라. 임피던스 회로의 전력
1) 순시 전력 : $P(t) = VIcos\theta - VIcos(2wt-\theta)[\text{VA}]$
2) 평균 전력 : $P = VIcos\theta[\text{W}]$

3. 부하에 공급하는 순간전력 $P(t)$

가. 복소전력

1) $v(t) = V_{\max}cos(wt+\alpha) = V_{\max}sin(wt+\alpha+\frac{\pi}{2}) = \frac{V_{\max}}{\sqrt{2}} \angle (\alpha+\frac{\pi}{2})$

2) $i(t) = I_{\max}cos(wt+\beta) = I_{\max}sin(wt+\beta+\frac{\pi}{2}) = \frac{I_{\max}}{\sqrt{2}} \angle (\beta+\frac{\pi}{2})$

3) 복소전력

$$P_s = P_s(t) = v(t) \cdot \overline{i(t)} = \frac{V_{\max}}{\sqrt{2}} \angle (\alpha+\frac{\pi}{2}) \cdot \frac{I_{\max}}{\sqrt{2}} \angle -(\beta+\frac{\pi}{2})$$

$$= \frac{V_{\max}I_{\max}}{2} \angle (\alpha-\beta)$$

$$= \frac{V_{\max}I_{\max}}{2}(cos(\alpha-\beta) + jsin(\alpha-\beta))$$

$$= \frac{V_{\max}I_{\max}}{2}cos(\alpha-\beta) + j\frac{V_{\max}I_{\max}}{2}sin(\alpha-\beta)$$

$$= P + jQ$$

4. 유효전력 P[W]과 무효전력 Q[Var] 정의 및 의미

가. 전력의 정의

1) 위의 식에서 전압과 전류의 위상차 $(\alpha-\beta) = \theta$라고 하면

2) 유효전력(Active Power = 평균전력 Average Power)

$$P = \frac{V_{\max}I_{\max}}{2}cos(\alpha-\beta) = \frac{V_{\max}I_{\max}}{2}cos\theta = |V||I|cos\theta[\text{W}]$$

부하에서 소비되는 전력으로 정의된다.

3) 무효전력(Reactive Power)

$$P = \frac{V_{\max}I_{\max}}{2}sin(\alpha-\beta) = \frac{V_{\max}I_{\max}}{2}sin\theta = |V||I|sin\theta[\text{Var}]$$

부하에서 소비되지 않는 전력으로 정의된다.

나. 유효전력과 무효전력의 의미

1) 유효전력 : 유효전력은 전원에서 부하에 공급된 전력이 부하에서 실제로 일을 하거나 열을 발생시키는 전력으로 시간에 관계없이 일정한 값을 가진다.

2) 무효전력 : 무효전력은 부하에 공급되었던 전력이 부하에서 소비되지 않고 인덕턴스 또는 콘덴서에 저장되었다가 전원으로 반환되는 전력을 말한다.

3) 예를 들어 전원에서 100[VA]의 전력이 부하에 공급되었는데 이중 80[VA]가 부하에서 실제로 소비되고 20[VA]가 전원으로 반환되었다면 80[VA](80[W])가 유효전력이고 20[VA](20[Var])가 무효전력이다.

제94회 1교시 07번 — 전기(회로)이론

문제 정전압원과 정전류원의 의미와 적용방법을 설명하시오.

답안

1. 정전압원

가. 의미
1) 부하와 상관없이 항상 일정한 전압공급
2) 내부저항 $r_0 = 0\,[\Omega]$
3) 다른 전원(전압원 또는 전류원)에 대하여 단락회로처럼 작용한다.
4) 전압원끼리만 병렬로 접속되는 회로는 의미가 없다.

나. 적용방법
1) 송배전 계통에서의 무한모선
2) 건전지, 축전지, 충전기 등

다. 등가회로

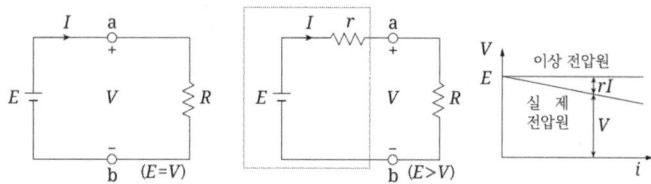

2. 정전류원

가. 의미
1) 부하와 상관없이 항상 일정한 전류공급
2) 내부저항 $r_0 = \infty\,[\Omega]$
3) 다른 전원(전압원 또는 전류원)에 대하여 개방회로처럼 작용한다.
4) 전원류끼리만 직렬로 접속되는 회로는 의미가 없다.

나. 적용방법
1) 아크로, 전기로 등의 누설 변압기
2) 비행장 활주로, 등대의 전원공급장치
3) 정전류 구동 LED 전원

다. 등가회로

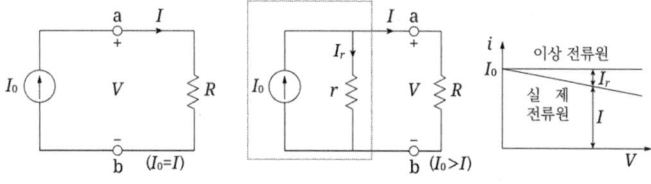

과년도 문제풀이

PART 01 기초 이론

제95회 1교시 07번   전기(회로)이론

문제   전기재료의 전기적 고유특성 3가지를 설명하시오.

답안

1. 개요

1) 전기재료는 전로를 형성하는 도체(Cu, AL), 전하의 흐름을 방해하는 절연재(PVC, PE, XLPE)와 자로를 형성하는 철심(규소강판, 아몰퍼스강판)으로 구분한다.

2) 이 들의 전기적 고유 특성은 전도율, 유전율, 투자율로 나타낸다.

2. 전기재료 고유특성

가. 도전율(Conductivity)

1) 전류가 흐르기 쉬운 정도를 나타내는 것을 도전율이라 한다.

2) $R = \rho \dfrac{l}{S} [\Omega]$

여기서, S : 도체의 단면적[mm²],

l : 도체의 길이[m], ρ : 도체의 고유저항[Ω/m]

3) 도체의 고유저항의 역수를 도전율이라 한다.

4) 표준 연동에서 도전율 C[%]와 고유저항 ρ[Ω/m-mm²] 사이에는 다음 관계식이 성립한다.

$$\rho = \frac{1}{58} \times \frac{100}{C} [\Omega/\text{m} - \text{mm}^2]$$

5) 도전율은 일반적으로 순도가 높을수록 크고, 다른 원소의 함유율이 증가할수록 저하하는 경향이 있다.

나. 유전율(Permittivity)

1) 유전율이란 두 전하 사이에 존재하는 공간의 에너지 전달율을 유전율(ϵ)이라고 한다.

2) 유전율 $\epsilon = \epsilon_0 \cdot \epsilon_s [\text{F/m}]$

3) 진공(공기)의 유전율 $\epsilon_0 = 8.854 \times 10^{-12} [\text{F/m}]$

4) 비유전율 : 공기 ⇒ $\epsilon_s = 1$

                기타 유전체 ⇒ $\epsilon_s > 1$

5) 비유전율이 큰 물질

① 유전손실이 크고, 절연내력이 작다.

② 콘덴서의 유전체로 유리하다.

6) 비유전율이 작은 물질

① 유전손실이 작고, 절연체 사용 시 충전용량이 작다.

② 절연물 내에 기포 발생 시 유전율이 작을수록 전계의 집중이 완화되므로 절연파괴를 경감시킬 수 있다.

③ XLPE Cable의 비유전율은 2.3이다.

다. 투자율(Permeability)

1) 철심을 자화시키면 철심 중에는 자화에 의한 자속이 흐르게 된다.

2) 철심 중의 자속밀도 B[wb/m^2]는 철을 자화시킨 자기장 H[A/m]에 의해 변화한다.

3) H가 증가함에 따라 B가 어느 정도 이르게 되면 H를 더욱 증가시켜도 B는 거의 증가하지 않는다. → 자기포화현상

4) 자속밀도 $B = \mu H$이며,

투자율 $\mu = \mu_0 \cdot \mu_s = \dfrac{B}{H}$($\mu_0$: 진공의 투자율, μ_s : 비투자율)로

포화 시 H는 증가하나 B의 변화량은 일정하므로 $\mu = \dfrac{B}{H}$는 급격히 감소한다.

과년도 문제풀이

제95회 1교시 08번 — 전기(회로)이론

문제 어떤 부하에 흐르는 전류를 측정한 결과 10[A]였다. 여기에 병렬로 저항을 연결하여 저항에 흐르는 전류값이 15[A]로 나타내었고, 부하와 저항 전체에 흐르는 전류값이 20[A]일 때의 부하의 역률을 구하시오.

답안

1. 개요
1) 3전류계법을 이용하여 풀이하고자 한다.
2) 3전류계법이란 3개의 전류계로 단상전력을 측정할 때 사용하는 방법이다.

2. 문제풀이
1) 아래 그림과 같이 각각의 전류계에 전류가 걸릴 때 벡터도를 그려 합 벡터 합 A_1의 크기를 구하면

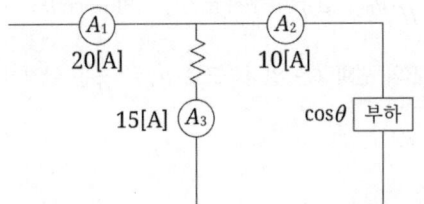
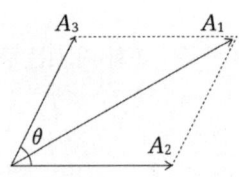

2) $A_1 = \sqrt{A_2^2 + A_3^2 + 2A_2A_3\cos\theta}$ 양변을 제곱하면

3) $A_1^2 = A_2^2 + A_3^2 + 2A_2A_3\cos\theta$

4) 따라서, 부하의 역률은

$$\cos\theta = \frac{A_1^2 - A_2^2 - A_3^2}{2A_2A_3} = \frac{20^2 - 10^2 - 15^2}{2 \times 10 \times 15} = \frac{75}{300} = 0.25$$

| 제 95회 4교시 03번 (제 97회 2교시 02번) | 전기(회로)이론 |

문제 선간전압이 350[V]인 3상 평형계통이 그림과 같이 연결되어 있다.
1) One-phase Diagram을 그리시오.
2) v_1, i_2 부분의 전압[V], 전류[A] 실효값을 구하시오.

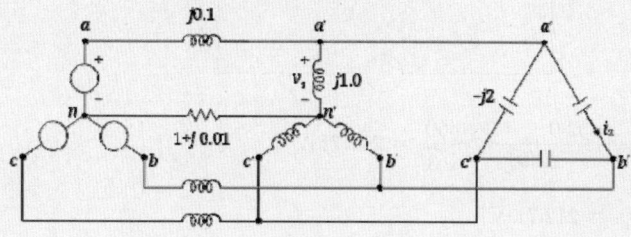

답안 **1. 개요**

1) 건축물에 적용되는 3∅ 3W, 3∅ 4W 배전방식은 1∅ 2W 배전방식에 비하여 전력 공급 능력, 전선 소요량, 3상 전원의 공급 등 장점을 갖는다.
2) 이 배선방식은 부하가 3상 평형계통일 경우 중성선에 전류가 흐르지 않는다.

2. 문제풀이

가. 문제조건

1) 3상 평형계통 : 중성선에 전류는 흐르지 않는다.
2) 중성선의 임피던스 $1+j0.01$은 무시할 수 있다.
3) 계통의 통일성을 주기 위해 △결선은 Y결선으로 변환한다.

나. One-phase Diagram

1) 콘덴서 △결선을 Y결선으로 변환하면, 한상의 임피던스는 $-j\frac{2}{3}$이 되고
2) One-phase Diagram를 그리면 다음과 같다.

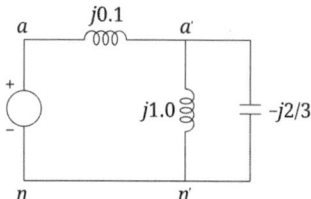

다. $v_1(a'-n'$ 단자간$)$

1) $a'-n'$ 단자간 합성임피던스

$$Z_{a'n'} = \frac{j1.0 \times (-j\frac{2}{3})}{j1.0+(-j\frac{2}{3})} = -j2.0\,[\Omega]$$

2) $a'-n'$ 단자간 단자전압

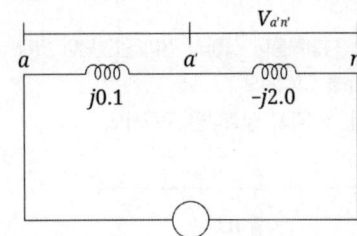

$$V_{a'n'} = \frac{-j2.0}{j0.1+(-j2.0)} \times \frac{350}{\sqrt{3}} = 212.71\,[\mathrm{V}]$$

$$\therefore v_1 = V_{a'n'} = 212.71\,[\mathrm{V}]$$

라. 콘덴서 $a'b'$에 흐르는 전류 i_2

   1) 상전압 $V_{a'n'} = 212.71\,[\mathrm{V}]$이므로
   2) $a'b'$에 걸리는 선간전압($V_{a'b'}$)은 상전압($V_{a'n'}$)은 $\sqrt{3}$ 배이므로
      $$V_{a'b'} = 212.71 \times \sqrt{3} = 368.42\,[\mathrm{V}]$$
   3) i_2를 구하면
      $$i_2 = \frac{V_{a'b'}}{-j2.0} = \frac{368.42}{-j2.0} = j184.21\,[\mathrm{A}]$$

      $$\therefore |i_2| = 184.21\,[\mathrm{A}]$$

제 96회 1교시 09번 — 전기(회로)이론

문제 다음 변압기 결선도와 같이 전압이 주어졌을 때 D-C간 전압을 구하는 식을 쓰고 계산하시오.

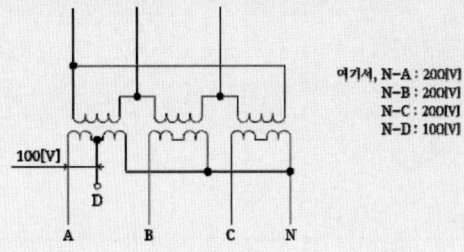

여기서, N-A : 200[V]
N-B : 200[V]
N-C : 200[V]
N-D : 100[V]

답안

1. 개요

1) 변압기 △-Y 결선에서 2차측의 한 권선에서 단자를 인출하여 사용
2) 상간 위상차가 존재하므로 벡터도를 이용하여 계산한다.

2. 문제풀이

가. 변압기 벡터도

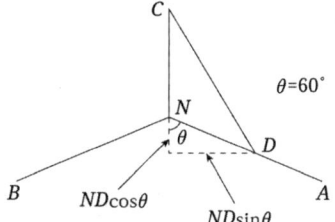

1) 벡터도에서 D-C 간의 전압을 구하면

$$V_{DC} = \sqrt{(CN + ND\cos\theta)^2 + (ND\sin\theta)^2}$$

$$= \sqrt{(220 \times 100 \times \frac{1}{2})^2 + (100 \times \frac{\sqrt{3}}{2})^2} = 264.6\,[V]$$

2) 위상차

$$V_{DC} = V_D - V_C = 100\angle 0° - 200\angle 240°$$

$$= 100 - 200(\cos 240° + j\sin 240°)$$

$$= 100 - 200(-0.5 + j0.866)$$

$$= 100 + 100 - j173$$

$$= 200 - j173\,[V]$$

$$\therefore \theta = \tan^{-1}\frac{X(허수분)}{R(실수분)} = \tan^{-1}\frac{-173}{200} = -40.9°$$

3) V_{DC}의 전압은 A상에 대하여 -40.9° 늦다. 즉, 139.1° 위상이 빠르다.

과년도 문제풀이

제97회 1교시 06번 — 전기(회로)이론

문제 : 그림과 같은 회로에서 교류전압을 인가하는 경우 저항 R을 변화시켜 저항에서 소비되는 전력이 최대가 되기 위한 조건과 최대 소비전력을 구하시오.

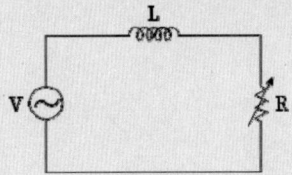

답안

1. 개요

1) 부하에서 소비되는 전력이 최대가 되기 위한 조건은 선로의 임피던스와 부하의 임피던스가 쌍대관계에 있을 때 최대소비전력이 발생한다.

2. 문제풀이

1) 부하전류

$$I = \frac{V}{\sqrt{(wL)^2 + R^2}} \; [\text{A}]$$

2) 소비전력

$$P = I^2 R = \left(\frac{V}{\sqrt{(wL)^2 + R^2}}\right)^2 R = \frac{V^2}{\frac{(wL)^2}{R} + R}$$

위 식에서 분모항 중 변수 R에 대하여 미분하면

$$\frac{d(wL)^2 R^{-1} + R}{dR} = -\frac{(wL)^2}{R^2} + 1 = 0$$

3) 저항에서 소비되는 전력이 최대가 되기 위한 조건은 $R = wL$이 되며, 이때의 최대 소비전력 P는 $R = wL$를 대입하여 정리하면

$$P_{\max} = \frac{V^2}{wL + \frac{1}{wL}(wL)^2} = \frac{V^2}{2wL} = \frac{V^2}{2R} \; [\text{W}]$$

제99회 1교시 12번　　　　　　　　　　　　　　　　　　　　　전기(회로)이론

문제 다음과 같은 부하가 존재할 때 종합역률과 피상전력을 계산하시오.

구 분	용 량[kW]	역 률	피상전력[kVA]
부하 1	50	0.5	100
부하 2	100	0.75	133.33
부하 3	200	0.9	222.22
합 계	350	?	?

답안

1. 개요

　1) 건축물의 다양한 부하는 각각 다양한 역률을 가지며 이들의 피상전력 값을 갖는다.

　2) 부하의 총합의 피상전력은 부하의 역률차이로 단순 대수합과는 일치하지 않는다.

2. 교류전력

　가. 복소전력

　　1) $P_s = P + jQ$

　　2) 여기서, P_s : 피상전력[VA], P : 유효전력[W], Q : 무효전력[Var]

3. 문제풀이

　가. 무효전력계산

　　1) 부하1 무효전력 : $P_{r1} = \sqrt{100^2 - 50^2} = 86.6 [\text{kVar}]$

　　2) 부하2 무효전력 : $P_{r2} = \sqrt{133^2 - 100^2} = 87.68 [\text{kVar}]$

　　3) 부하3 무효전력 : $P_{r3} = \sqrt{222^2 - 200^2} = 96.35 [\text{kVar}]$

　　4) 총 무효전력 : $P_r = 270.63 [\text{kVar}]$

　나. 종합 역률계산

　　1) $cos\theta = \dfrac{350}{350 + j270.63} = \dfrac{350}{\sqrt{350^2 + 270.63^2}} = 0.791$

　다. 피상전력계산

　　1) $P_s = \sqrt{350^2 + 270.63^2} = 442.43 [\text{kVA}]$

　　2) 위상차　$\theta = tan^{-1} \dfrac{270.63}{350} = 37.8°$

과년도 문제풀이

PART 01 기초이론

제100회 1교시 04번 | 전기(회로)이론

문제 교류를 직류로 변환하는 정류회로에서 발생하는 리플전압과 리플백분율에 대하여 설명하시오.

답안

1. 개요
1) 현대 건축물에 적용되고 있는 많은 부하들이 직류를 사용하며
2) 입력 교류전력을 정류회로로 변환하여 사용함에 있어 직류와 정확히 일치하지 못하는 파형은 전기품질에 영향을 미친다.

2. 관련규정
1) 판단기준 제8장 지능형전력망 제288조
2) 전기품질
    ① 저압 옥내직류 전로에 리플프리 직류
    ② 직류를 공급하는 경우 고조파 전류

3. 리플전압과 리플백분율

가. 저압 옥내직류 전기설비 출력 파형

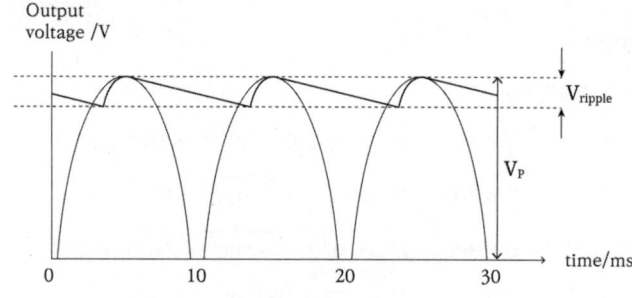

정류기 출력단에 평활콘덴서를 사용한 경우 파형

나. 리플전압
1) 리플 : 교류를 직류로 변환하면 100[%] 직류로 나타나지 않고, 직류성분위에 맥동하는 교류성분이 중첩되어 나타나는 것
2) 리플전압 : 리플성분이 10[%](실효값) 이하의 정현파를 포함한 직류를 말한다.

다. 리플백분율

1) $\%V = \dfrac{\text{리플성분 실효값}}{\text{직류성분 실효값}} \times 100 = \dfrac{V_{ripple\ s}}{V_p} \times 100\ [\%]$

제100회 1교시 12번 — 전기(회로)이론

문제: 3상 4선식 옥내배선에서 무유도부하 3[Ω], 4[Ω], 5[Ω]을 각 상과 중성선 사이에 접속하였다. 지금 변압기 2차 단자에서 선간 전압을 173[V]로 할 때 중성선에 흐르는 전류를 구하시오.
(단, 변압기 및 전선의 임피던스는 무시한다.)

답안

1. 개요
1) 건축물에 가장 많이 적용되는 배전방식인 3Φ 4W는 타 방식에 비해 공급능력 최대, 소요전선량 33.3[%](1Φ 2W 대비)로 경제적이다.
2) 그러나, 부하의 불평형이 발생할 수 있으며, 중성선 단선 시 이상 전압이 발생할 수 있다.

2. 문제풀이

가. 단선도

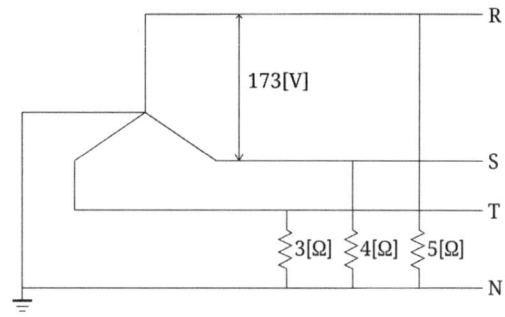

나. 상전압(E) 계산

1) $E = \dfrac{173}{\sqrt{3}} = 99.881 ≒ 100\,[\text{V}]$

2) $E_a = 100 \angle 0,\ E_b = 100 \angle \dfrac{4\pi}{3},\ E_c = 100 \angle \dfrac{2\pi}{3}$

다. 각 상에 흐르는 전류

1) $I_a = \dfrac{100}{5} \angle 0 = 20\,(cos0 + jsin0) = 20\,(1 + j0)$

2) $I_b = \dfrac{100}{4} \angle \dfrac{4\pi}{3} = 25\,(cos\dfrac{4\pi}{3} + jsin\dfrac{4\pi}{3}) = 25(-0.5 - j0.866)$

3) $I_c = \dfrac{100}{3} \angle \dfrac{2\pi}{3} = 33.33\,(cos\dfrac{2\pi}{3} + jsin\dfrac{2\pi}{3}) = 33.33(-0.5 + j0.866)$

라. 중성선에 흐르는 전류
   1) $I_N = I_a + I_b + I_c [A]$
   2) $I_N = 20(1+j0) + 25(-0.5-j0.866) + 33.33(-0.5+j0.866)$
      $= -9.162 + j7.213 [A]$
   2) 실효값 $|I_N| = \sqrt{(-9.165)^2 + (7.213)^2} = 11.663 [A]$

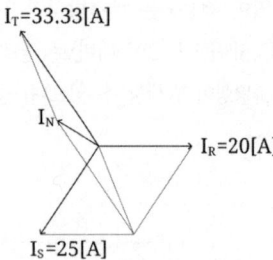

제100회 4교시 01번　　　　　　　　　　　　　　　　　　　　　**전기(회로)이론**

문제　그림과 같이 R-C 직렬회로에서 t=0인 순간에 스위치를 닫는 경우 흐르는 전류(i), 시정수(τ), 저항에 걸리는 전압(V), 콘덴서에 걸리는 전압(V)을 구하시오.
(단, 콘덴서의 초기 전압은 없다.)

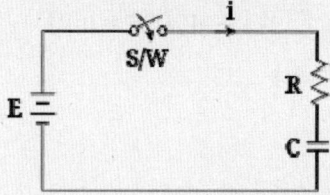

답안

1. 개요
　1) 과도현상이란 어떠한 정상상태에서 다른 정상상태로 이행되는 과정
　2) 계통의 리액턴스(L, C)에 구성에 따라서 그 지속 시간이 결정된다.

2. R-C 직렬접속의 과도현상
가. KVL 방정식
　1) $E = R\,i(t) + C\displaystyle\int i(t)\,dt$

나. Laplace 변환을 하면
　1) $\dfrac{E}{S} = R\,I_{(S)} + \dfrac{1}{CS}I_{(S)} = (R + \dfrac{1}{CS})I_{(S)}$

　2) $I_{(S)} = \dfrac{E}{S(R + \dfrac{1}{CS})} = \dfrac{E}{R}\left(\dfrac{1}{S + \dfrac{1}{RC}}\right)$

다. 전류방정식을 역 Laplace 변환하면
　1) $i(t) = \dfrac{E}{R}\,e^{-\frac{1}{RC}t}\,[A]$

　2) 항목에 따라
　　① 전류(i) : $i(t) = \dfrac{E}{R}\,e^{-\frac{1}{RC}t}\,[A]$
　　② 시정수(τ) : $\tau = RC$
　　(스위치를 투입하여 과도전류(i)가 초기 $\dfrac{E}{R}$의 전류값이 36.8%까지 감소하는 데 걸리는 시간)

③ 저항에 걸리는 전압(V_R) :

$$V_R(t^{+0}) = R \times \frac{E}{R} e^{-\frac{1}{RC}t} = Ee^{-\frac{1}{RC}t}[V] \rightarrow V_R(t^\infty) = 0[V]$$

④ 리액터에 걸리는 전압(V_L) :

$$V_C(t^{+0}) = \frac{1}{C} \int \frac{E}{R} e^{-\frac{1}{RC}t} dt = -Ee^{-\frac{1}{RC}t}[V] \rightarrow V_C(t^\infty) = 0[V]$$

⑤ 전류 변화를 그래프로 나타내면 아래 그림과 같다.

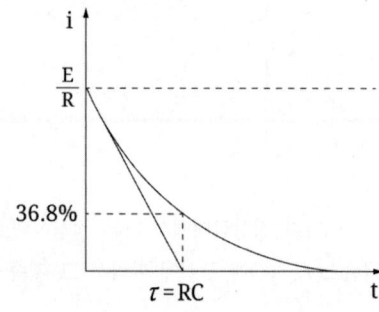

| 제101회 1교시 02번 | 전기(회로)이론 |

문제 그림과 같은 동축케이블이 있다. 내·외 도체를 전류 I가 왕복할 때, 다음의 각 항에 대한 자계의 세기를 구하시오. (단, r은 반지름)

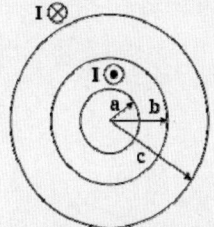

1) 내부 도체 내(r < a)의 자계 H_1
2) 내부 도체와 외부 도체 간(a < r < b)의 자계 H_2

답안

1. 개요

1) 동축케이블은 b-c 점에서 자계의 세기가 "0"이 되어, 유도장해 방지대책으로 사용된다.
2) 이를 증명하기 위해 동축케이블의 내부, 외부도체의 자계를 계산한다.

2. 동축케이블의 자계(무한 직선 전류에 의한 자계의 세기)

가. 도체 표면에만 전류가 흐를 때

1) 오른나사의 진행 방향이 전류의 방향이라면 오른나사의 회전 방향이 자계(자장)의 방향이다.
2) 암페어의 주회적분 법칙 : 전류와 자계의 관계를 정의한 식

$$\oint H\, dl = I [\text{A}]$$
$$H\, l = I$$

$$\therefore H = \frac{I}{l} = \frac{I}{2\pi r} [\text{AT/m}]$$

나. 도체 내부에 균일하게 전류가 흐를 때

1) 직류전류(또는 표피효과를 무시)라면 전류밀도

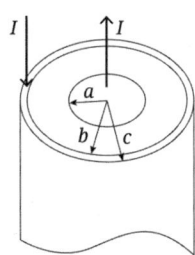

$$J = \frac{I}{\pi a^2} = \frac{I'}{\pi r^2} [\text{A/m}^2] (0 < r < a)$$

$$I' = \frac{r^2}{a^2} I$$

$$H_r = \frac{I'}{2\pi r} = \frac{1}{2\pi r} \times \frac{r^2}{a^2} I = \frac{rI}{2\pi a^2} [\text{AT/m}]$$

내부자계 $H_1 = H_r = \frac{rI}{2\pi a^2} [\text{AT/m}] \propto r, I$

2) 내부도체와 외부 도체간 $(a < r < b)$

외부자계 $H_2 = H_r = \dfrac{I}{2\pi r}\,[\text{AT/m}] \propto \dfrac{1}{r},\ I$

다. 동축케이블에서의 a, b, b-t(c) 점의 자계의 세기

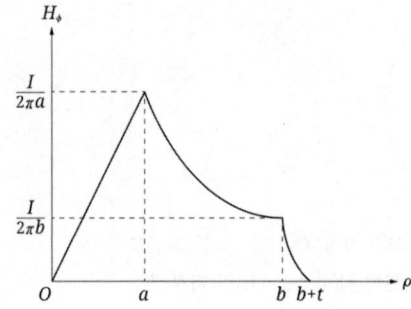

제101회 1교시 03번　　　　　　　　　　　　　　　　　　전기(회로)이론

문제　고체 유전체의 트리잉(Treeing)과 트래킹(Tracking) 현상을 비교 설명하시오.

답안

1. 개요
1) 고체 유전체 즉 절연물은 강한 전계에 의해 열화현상이 발생하며,
2) 트리잉(Treeing) 현상은 절연물 내부에서 발생하는 절연열화 현상이고,
   트래킹(Tracking) 현상은 사용환경 조건에 따라 절연물 표면에서 발생하는 절연열화 현상이다.
3) 절연물의 절연 파괴는 부분방전열화, Treeing열화 및 Tracking열화 등에 의해 결정

2. 고체 유전체 트리잉(Treeing)과 트래킹(Tracking) 현상

가. 트리잉(Treeing) 현상
1) 전극표면의 돌기 또는 절연물 중의 보이드(Void)나 이물질 등에서 발생 진행
2) 절연체중의 강전계 부분에서 Tree 모양의 방전로 형성

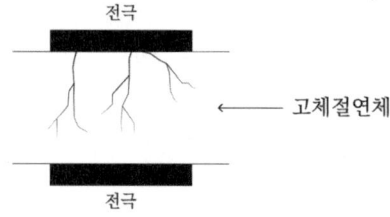

나. 트래킹(Tracking) 현상
1) 절연체 표면에 경년변화나 습기, 수분, 먼지, 기타 오염물질 등에 의해 절연체 표면에서 발생하는 미세한 불꽃에 의해 탄화도전로가 발생하는 현상

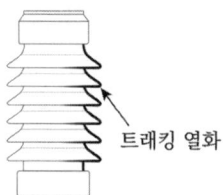

다. 고체 유전체의 트리잉(Treeing)과 트래킹(Tracking) 현상 비교

열화현상	열화요인	발생개소
부분방전열화	이물질 및 보이드(Void)	절연물내(내부코로나) 금속의 접촉면(외부코로나)
Treeing	전계집중, 이물질, 부분방전	절연물의 내부
Tracking	오손, 결로, 흡습	절연물의 표면
Crack	내부응력, Hart Cycle 외력	절연물의 내부

과년도 문제풀이   PART 01 기초 이론

제101회 4교시 01번   전기(회로)이론

문제 대칭좌표법을 이용하여 3상회로의 불평형 전류와 전압을 구하고 1선지락 시 건전상의 대지전위 상승에 대하여 설명하시오.

답안

1. 개요
    1) 대칭좌표법이란 불평형 전류와 전압을 직접 산출하지 않고 대칭적인 3요소로 나누어 계산 후 각 요소의 계산결과를 중첩시켜 실제 불평형 값을 구함
    2) 평형 고장 : 3상 단락고장
    3) 불평형 고장 : 1, 2선 지락 및 선간 단락고장

2. 3상 불평형 전압, 전류
   가. 벡터도

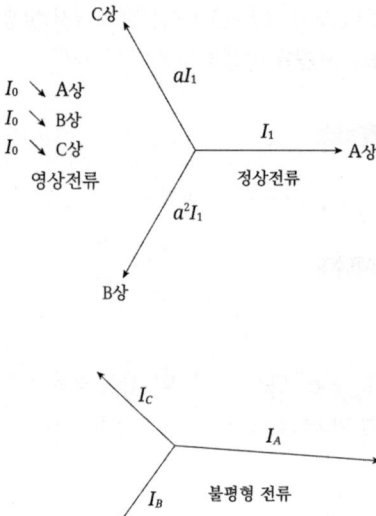
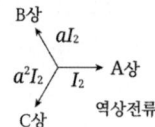
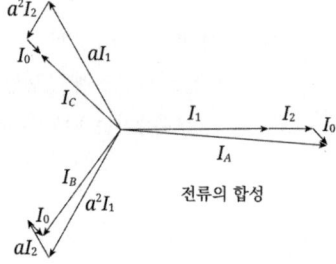

   나. 불평형 전압, 전류 계산
     1) 불평형 전류
$$I_a = I_0 + I_1 + I_2$$
$$I_b = I_0 + a^2 I_1 + a I_2$$
$$I_c = I_0 + a I_1 + a^2 I_2$$
     2) 영상분 전류
$$I_a + I_b + I_c = 3 I_0$$

3) 불평형 전압

$$V_a = V_0 + V_1 + V_2$$

$$V_b = V_0 + a^2 V_1 + a V_2$$

$$V_c = V_0 + a V_1 + a^2 V_2$$

3. 1선 지락전류 계산

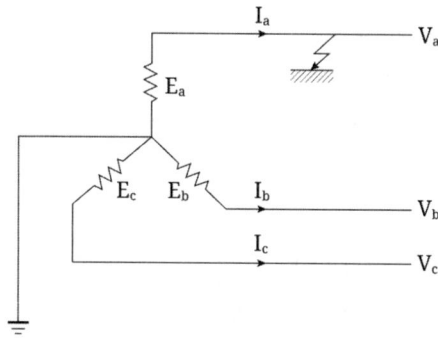

1) 고장 조건

　$V_a = 0$

　$I_b = I_c = 0$

2) 대칭분으로 계산

$$I_0 = \frac{1}{3}(I_a + I_b + I_c) = \frac{1}{3}I_a$$

$$I_1 = \frac{1}{3}(I_a + aI_b + a^2 I_c) = \frac{1}{3}I_a$$

$$I_2 = \frac{1}{3}(I_a + a^2 I_b + a I_c) = \frac{1}{3}I_a$$

$$I_0 = I_1 = I_2 = \frac{1}{3}I_a$$

$$\therefore I_a = I_g = 3I_0 \quad \cdots\cdots\cdots\cdots\cdots\cdots\cdots\cdots ①$$

4. 1선 지락 시 건전상의 대지전위 상승

　가. 고장상(a상)의 전압계산

$$V_a = V_0 + V_1 + V_2 = 0$$

$$= -Z_0 I_0 + E_a - Z_1 I_1 - Z_2 I_2 = 0 \leftarrow I_0 = I_1 = I_2$$

$$\therefore E_a = (Z_0 + Z_1 + Z_2) I_0$$

$$\therefore I_0 = \frac{E_a}{(Z_0 + Z_1 + Z_2)} \quad \cdots\cdots\cdots\cdots ②$$

$$\therefore I_g = \frac{3 E_a}{(Z_0 + Z_1 + Z_2)} \quad \cdots\cdots\cdots\cdots ③$$

　나. 건전상의 대지전위 상승

　　1) b상 전압

$$V_b = V_0 + a^2 V_1 + a V_2$$

$$= -Z_0 I_0 + a^2 (E_a - Z_1 I_1) - a Z_2 I_2$$

$$= a^2 E_a - (Z_0 + a^2 Z_1 + a Z_2) I_0 \quad \leftarrow 식② 대입$$

$$= a^2 E_a - (Z_0 + a^2 Z_1 + a Z_2) \frac{E_a}{(Z_0 + Z_1 + Z_2)}$$

$$= \frac{(a^2 - 1) Z_0 + (a^2 - a) Z_2}{Z_0 + Z_1 + Z_2} E_a \quad \cdots\cdots ④$$

　　2) c상 전압

$$V_c = \frac{(a-1) Z_0 + (a - a^2) Z_2}{Z_0 + Z_1 + Z_2} E_a \quad \cdots\cdots ⑤$$

　　3) 건전상(c상)의 전위상승 : 식⑤는 과도 시이므로 $Z_1 = Z_2$일 때 접지계수 a를 구하면

$$\alpha = \left| \frac{V_c}{E_a} \right| = \left| \frac{(a-1) Z_0 + (a-a^2) Z_2}{Z_0 + Z_1 + Z_2} \right| = \left| a - \frac{Z_0 - Z_1}{Z_0 + 2 Z_1} \right|$$

　　4) 여기서 $Z_0 = R_0 + j X_0, Z_1 = Z_2 = j X_1 (R_1 \ll X_1)$

$$\alpha = \left| \frac{V_c}{E_a} \right| = \left| a - \frac{R_0 + j X_0 + j X_1}{R_0 + j X_0 + j 2 X_1} \right| = \left| a - \frac{\dfrac{R_0}{X_1} + j \dfrac{X_0}{X_1} - j1}{\dfrac{R_0}{X_1} + j \dfrac{X_0}{X_1} + j2} \right|$$

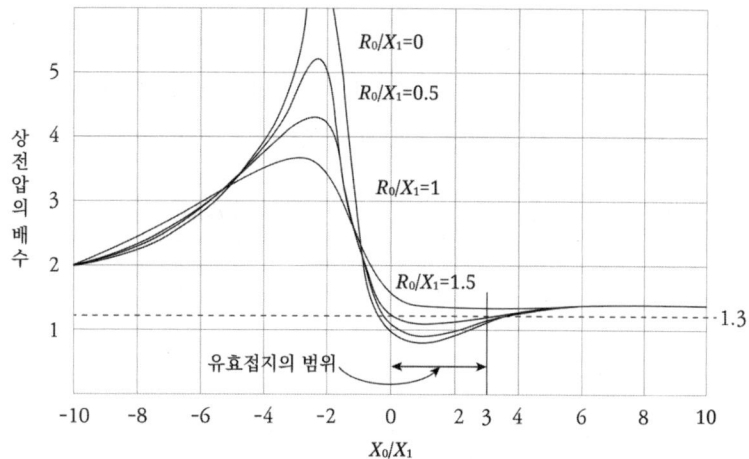

5) 상기 그래프에서 유효접지 조건은 $0 \leq \dfrac{R_0}{X_1} \leq 1, 0 \leq \dfrac{X_0}{X_1} \leq 3$ 만족하는 범위

6) 용량성영역($\dfrac{X_0}{X_1} \leq 0$)에서는 이상전압이 발생가능하고

   영상공진이 발생가능한 $\dfrac{X_0}{X_1} = -2$는 매우 큰 이상전압이 발생할 수 있으므로

7) 영상저항 R_0가 클수록 유도성영역($\dfrac{X_0}{X_1} > 0$)에서 운전이 가능하고

   대규모 설비의 저항접지 방식의 배경이 된다.

과년도 문제풀이   PART 01 기초 이론

제102회 1교시 11번   전기(회로)이론

문제   그림과 같은 회로에서 단자 a, b에 $10+j4[\Omega]$ 부하를 연결할 때, a, b 간에 흐르는 전류를 계산하시오.

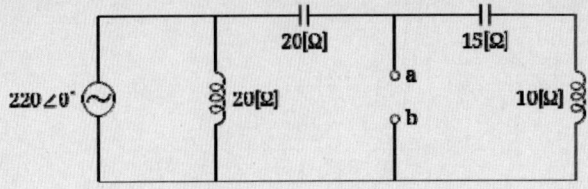

답안   **1. a, b 간 부하연결 시 전류 계산**

   1) 쉬운 해석을 위해 다음과 같이 등가 회로도를 변경한다.

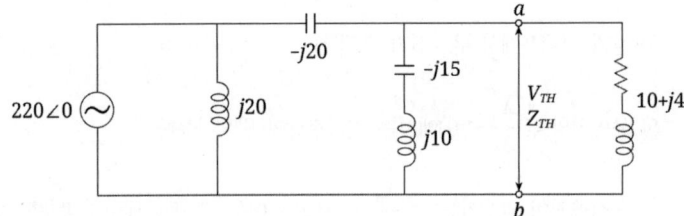

   2) a-b단자에서 테브난의 등가회로로 해석, 회로의 전압원은 단락으로 $j20[\Omega]$을 무시하게 되며 a-b 단자에서 등가임피던스는

$$Z_{th} = -j20 // -j5 = \frac{-j20(-j5)}{-j20-j5} = -j4\,[\Omega]$$

   3) 전압원에서 V_{th} 단자전압은 $V_{th} = 220 \times \dfrac{-j5}{-j20-j5} = 44\,[\mathrm{V}]$

   4) a-b 단자에 부하 $10+j4[\Omega]$ 연결 시 흐르는 전류는

$$I_{ab} = \frac{V_{th}}{10+j4+Z_{th}} = \frac{44}{10+j4-j4} = \frac{44}{10} = 4.4\,[\mathrm{A}]$$

      $\therefore I_{ab} = 4.4\,[\mathrm{A}]$

제102회 3교시 01번   전기(회로)이론

문제: 교류도체의 실효저항 계산 시 적용되는 표피효과계수와 근접효과 계수에 대하여 설명하시오.

답안

1. 개요
   1) 도체저항은 도체의 금속재료 도전율, 도체 단면적과 소선을 꼬는 방법에 따라 변한다.
   2) 그 통전전류 주파수와 도체 사이즈에 따라 표피효과 발생으로 직류저항보다 저항이 커져 교류에서 도체 실효저항은 도체 사이즈가 굵고 주파수가 높아지면 커지고 직류저항과의 비로 표시한다.

2. 교류도체 실효저항

   가. 교류도체 실효저항

   1) $r = r_0 \times k_1 \times k_2$ [Ω]

   r_0 : 20[℃]에서 직류 도체저항 [Ω]

   k_1 : 전선의 실제온도에서 도체저항과 20[℃]에서 도체저항 비

   k_2 : 교류저항과 직류저항 비

   나. 직류도체의 저항

   1) $r_0 = \rho \dfrac{l}{A}$ [Ω]

   여기서 ρ : 고유저항[Ω/m·mm²], l : 도체의 길이[m]

   A : 도체의 단면적[mm²]

   다. 저항온도계수에 따른 도체저항의 변화 ($k_1 = \dfrac{R_t}{R_{20}}$)

   1) $R_t = R_{20}[1 + \alpha(t - 20℃)]$ [Ω]
   2) $k_1 = 1 + \alpha(t - 20℃)$

   α : 저항온도계수

   라. 교류저항과 직류저항 비

   1) $k_2 = 1 + \lambda_s + \lambda_p$

   λ_s : 표피효과계수

   λ_p : 근접효과계수

3. 표피효과계수와 근접효과계수

   가. 표피효과계수

   1) 표피효과(Skin Effect) : 직류전류가 도체에 흐를 때는 전부 같은 전류밀도로 흐르지만 주파수가 있는 교류에서는 도체 외측부근에 전류밀도가 집중하여 흐르는 현상

2) 표피효과계수(λ_s)

① $\lambda_s = F(X)$ $X = \sqrt{\dfrac{8\pi f \cdot \mu_s \cdot k_{s1}}{r_o k_1 \times 10^9}}$

k_{s1} = 1 (비분해 도체), 0.44(4분할도체), 0.39(6분할도체)

$r_0 k_1$: 사용 온도에서 직류도체 저항[Ω/cm]

μ_s : 도체의 비투자율(Cu or Al μ_s=1)

3) 표피효과계수(λ_s)의 간략 식

① $X < 2.8$ 일 경우

$\lambda_s = \dfrac{X^4}{192 + 0.8 X^4}$

나. 근접효과계수(λ_p)

1) 근접효과 : 도체가 근접배치되어있는 경우 근접한 도체에 흐르는 교류전류의 크기, 방향 및 주파수에 따라서 각 도체의 단면에 흐르는 전류밀도가 변화하는 현상

2) 근접효과계수(λ_p)

① $\lambda_p = \dfrac{\dfrac{3}{2}(\dfrac{d_1}{S})^2 G(X')}{1 - \dfrac{5}{24}(\dfrac{d_1}{S})^2 H(X')}$

d_1 : 도체 바깥지름

S : 도체 중심간격

X' : $0.894 X = \sqrt{0.8}\, X$

3) 근접계수(λ_p)의 간략 식

① $X < 2.8$ 일 경우

② $\lambda_p = \dfrac{X'^4}{192 + 0.8} \cdot (\dfrac{d_1}{S})^2 \cdot [\,0.312(\dfrac{d_1}{s})^2 + \dfrac{1.18}{\dfrac{x'^4}{192 + 0.8 X'^4} + 0.27}\,]$

4) 근접효과 영향

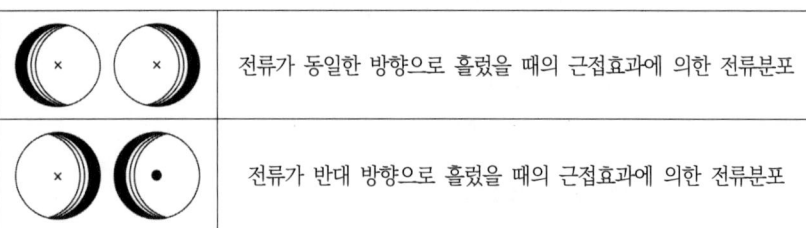	전류가 동일한 방향으로 흘렸을 때의 근접효과에 의한 전류분포
	전류가 반대 방향으로 흘렸을 때의 근접효과에 의한 전류분포

제 103회 1교시 06번　　　　　　　　　　　　　　　　　　　　전기(회로)이론

문제 R = 22[Ω], L = 10[H], C = 10[μF]의 직렬공진회로에 220[V]의 전압을 인가할 때 공진 주파수 f_r과 공진 시의 전류 I_r을 구하고 직렬공진의 특성에 대하여 설명하시오.

답안

1. 개요

1) 직렬공진이란 교류계통에서 회로의 리액턴스 성분 $j(2\pi fL + \frac{1}{2\pi fC})$가 "0"이 되어 회로의 임피던스가 최소가 됨을 말한다.
2) 즉 저항만의 회로가 되고 전류가 최대로 되는 것

2. 공진주파수 및 공진 시 전류 산출

가. 회로도

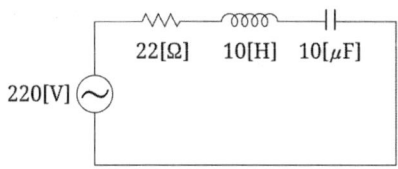

나. 공진주파수(f_r) 산출

1) 임피던스 $Z = R + j(X_L - \frac{1}{X_C})$에서 직렬 공진 시 허수항이 Zero이므로 $wL = \frac{1}{wC}$

2) 따라서 공진주파수 $f_r = \frac{1}{2\pi\sqrt{LC}}$ [Hz]

$$\therefore f_r = \frac{1}{2\pi\sqrt{10 \times 10 \times 10^{-6}}} = 15.91 [\text{Hz}]$$

3) 공진 시 전류(I_r) 산출

$I_r = \frac{V}{Z} = \frac{V}{R + j(X_L - \frac{1}{X_C})}$ 에서 공진 시 허수항이 Zero이므로 $Z = R$

$$\therefore I_r = \frac{220}{22} = 10 [\text{A}]$$

3. 직렬공진의 특성

1) 벡터도 및 주파수에 따른 전류 변화

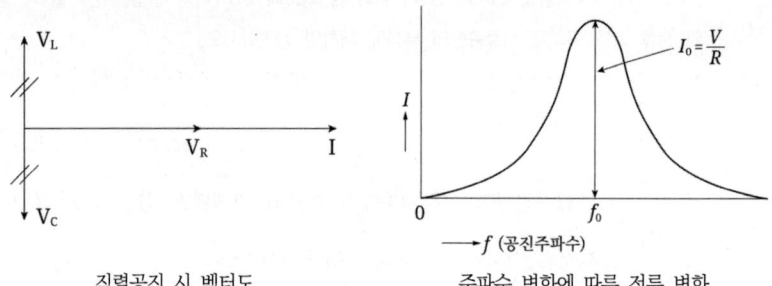

직렬공진 시 벡터도   주파수 변화에 따른 전류 변화

2) 특성

① 임피던스의 허수부가 "0"이 되어 임피던스는 최소
② 임피던스가 최소이므로 전류는 최대
③ 임피던스 저항성분만 존재하므로 회로의 역률은 100[%], 전원전압과 전류의 위상은 동상
④ 전압공진으로 L, C 에 걸리는 전압은 서로 상쇄되고 전원전압만 남는다.
⑤ 전압공진이므로 L, C 소자에 걸리는 전압이 이상 증폭될 수 있다.

제103회 1교시 12번 — 전기(회로)이론

문제 교류 평형 임피던스 회로에서 순시전력이 총합이 항상 일정하며, 유효전력과 동일함을 설명하시오.

답안

1. 3상 회로의 전력

: 부하의 상전압을 각각 E_a, E_b, E_c 및 상전류를 I_a, I_b, I_c로 두고 각상의 역률각을 θ_a, θ_b, θ_c라면 각 상의 전력은

1) 유효전력 $P_a = E_a I_a \cos\theta_a$, $P_b = E_b I_b \cos\theta_b$, $P_c = E_c I_c \cos\theta_c$ ……… ①

2) 무효전력 $Q_a = E_a I_a \sin\theta_a$, $Q_b = E_b I_b \sin\theta_b$, $Q_c = E_c I_c \sin\theta_c$ ……… ②

3) 3상 전력은 이들 각상전력의 합이므로

$P = P_a + P_b + P_c = E_a I_a \cos\theta_a + E_b I_b \cos\theta_b + E_c I_c \cos\theta_c$ ……………… ③

$Q = Q_a + Q_b + Q_c = E_a I_a \sin\theta_a + E_b I_b \sin\theta_b + E_c I_c \sin\theta_c$ ……………… ④

여기서, 3상 평형이므로 $E_a = E_b = E_c = E$, 전류는 I, 역률각은 θ로 두면 식

$P = 3EI\cos\theta$, $Q = 3EI\sin\theta$ ……………… ⑤ 가 되고,

△, Y결선과 무관하게 선간전압을 V, 선전류를 I_L로 두면 식⑤는

$P = \sqrt{3}\,VI_L\cos\theta$, $Q = \sqrt{3}\,VI_L\sin\theta$ ……… ⑥ 이 된다.

2. 순시전력의 일정함 증명

1) a상을 기준으로 한 순시전압, 순시전류는

$v_a = \sqrt{2}\,V\sin wt$, $v_b = \sqrt{2}\,V\sin(wt - 120)$, $v_c = \sqrt{2}\,V\sin(wt + 120)$

$i_a = \sqrt{2}\,I\sin(wt - \theta)$, $i_b = \sqrt{2}\,I\sin(wt - 120 - \theta)$, $i_c = \sqrt{2}\,I\sin(wt + 120 - \theta)$

여기서 θ : 전압과 전류의 위상각(역률각, 지상으로 간주하였음)

2) 3상 전력의 순시치는

$p = p_a + p_b + p_c = v_a i_a + v_b i_b + v_c i_c$

$= 2VI[\sin wt \cdot \sin(wt - \theta) + \sin(wt - 120) \cdot \sin(wt - 120 - \theta)$
$\quad + \sin(wt + 120) \cdot \sin(wt + 120 - \theta)]$

$= VI[\cos\theta - \cos(2wt - \theta) + \cos\theta - \cos(2wt - 240 - \theta)$
$\quad + \cos\theta - \cos(2wt + 240 - \theta)]$

$= VI[3\cos\theta - \{\cos(2wt - \theta) + \cos(2wt - \theta - 240) + \cos(2wt - \theta + 240)\}]$

$= 3VI\cos\theta - \{\cos(\theta') + \cos(\theta' - 240) + \cos(\theta' + 240)\}$

$= 3VI\cos\theta - \{\cos(\theta') + \cos(\theta')\cos(240)$
$\quad + \sin(\theta')\sin(240) + \cos(\theta')\cos(240) - \sin(\theta')\sin(240)\}$

$= 3VI\cos\theta - \left\{\cos(\theta') + \cos(\theta')\left(-\frac{1}{2}\right) + \cos(\theta')\left(-\frac{1}{2}\right)\right\}$

$= 3VI\cos\theta$ ……………………………… ⑦가 되어 식⑤의 3상 전력과 동일하다.

3) 식 ㉠에서 각주파수(w)가 없다는 것은 평형 3상 전력에서는 시간과 관계없이 항상 일정함을 뜻하고 곧, 유효전력이 된다.
4) 이것은 3상 유도전동기에서 일정한 회전력(토크)을 가지는 것을 의미하기도 한다.

제106회 1교시 05번 — 전기(회로)이론

문제 그림과 같이 병렬 연결된 회로에서 R, X 부하가 선로(0.5 + j0.4[Ω])를 통하여 전력을 공급받고 있다. 부하단 전압이 120[V$_{rms}$], 부하의 소비전력은 3[kVA], 진상역률 0.8이라면
 1) 전원전압을 구하시오.
 2) 선로의 손실 전력(유효 및 무효전력)을 구하시오.

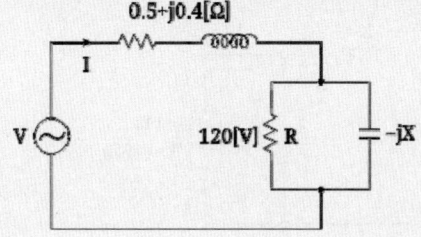

답안 1. 전원전압

1) V_r을 알고 부하 역률이 진상일 때, V_S을 구하려면 벡터도는 다음과 같다.

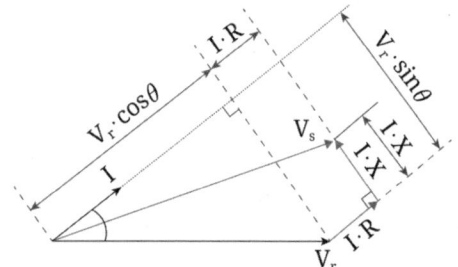

2) 상기 벡터도로부터 송전단전압(V_S)식을 유도하면 다음과 같다.

$$V_S = \sqrt{(V_r \times \cos\theta + IR)^2 + (V_r \times \sin\theta - IX)^2}$$ 이 된다.

3) 부하전류는

$$I = \frac{P}{V}(\cos\theta + j\sin\theta) = \frac{3{,}000}{120}(0.8 + j0.6) = 20 + j15 = 25\angle 36.87°\,[A]$$

4) 전원전압은

$$V_S = \sqrt{(120 \times 0.8 + 25 \times 0.5)^2 + (120 \times 0.6 - 25 \times 0.4)^2} = 124.96[V]$$

2. 선로의 손실전력

 1) 유효전력손실 $P_l = I^2 R = 25^2 \times 0.5 = 312.5[W]$
 2) 무효전력손실 $P_{lr} = I^2 X = 25^2 \times 0.4 = 250[Var]$

과년도 문제풀이

PART 01 기초 이론

제106회 1교시 08번 · 전기(회로)이론

문제 : 전압강하에 대한 벡터도를 그리고 기본식을 설명하시오.

답안 :

1. 전압강하 벡터도

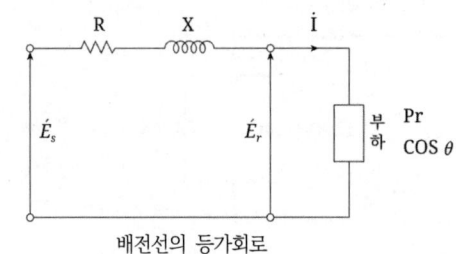

배전선의 등가회로

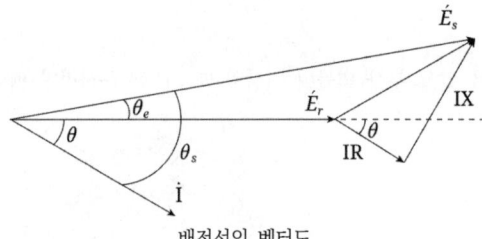

배전선의 벡터도

2. 전압강하 기본식

가. 송전단전압 E_S 는

1) $E_s = E_r + I \cdot Z,\ Z = R + jX$
2) $E_s = E_r + (IR\cos\theta + IX\sin\theta) + j(IX\cos\theta - IR\sin\theta)$
   $= \sqrt{(E_r + IR\cos\theta + IX\sin\theta)^2 + (IX\cos\theta - IR\sin\theta)^2}$

   여기서, $\sqrt{\ }$ 내의 2항은 1항에 비해 작은 값으로 무시하면

3) $E_s = E_r + I(R\cos\theta + X\sin\theta)$

나. 전압강하 ΔE 는

1) $\Delta E = E_s - E_r = I(R\cos\theta + X\sin\theta)\,[\text{V}]$
2) 선간전압으로 고치면
   $\Delta V = \sqrt{3}\,I(R\cos\theta + X\sin\theta)\,[\text{V}]$

다. 전압강하율 ε

1) $\varepsilon = \dfrac{\Delta V}{V_r} \times 100\,[\%] = \dfrac{V_S - V_r}{V_r} \times 100 = \dfrac{PR + QX}{V_r^2} \times 100\,[\%]$

제107회 1교시 07번 — 전기(회로)이론

문제: 도체의 근접효과(Proximity Effect)에 대하여 설명하시오.

답안

1. 개요
1) 표피효과의 일종으로 표피효과는 도체 1본의 개념이나 근접효과는 도체 2본 이상이 근접 배치된 경우 각 도체에 흐르는 전류의 크기, 방향, 주파수에 따라 각 도체의 단면에 흐르는 전류밀도분포가 변하는 현상을 말한다.

2. 근접효과에 영향을 주는 요인
1) 주파수 크기가 클수록 크다.
2) 2개 이상의 도체 근접할수록 영향이 크다.

3. 영향
가. 교류에 대한 도체 실효 저항값에 영향을 준다.
  1) 교류도체 실효저항$(R) = R_0 \times k_1 \times k_2\,[\Omega/\mathrm{cm}]$
   단, R_0 : 20[℃]에서 직류 최대도체저항[Ω/cm]
    k_1 : 사용온도에서 도체저항과 20[℃]에서 도체저항 비
    k_2 : 교류저항과 직류저항 비 $k_2 = 1 + \lambda_s + \lambda_p$
     (여기서, λ_s : 표피효과 계수, λ_p : 근접효과 계수)

나. 전선의 전류밀도를 변화로 단면적 감소시킴
다. 도선의 온도상승 및 저항 증가

4. 전류방향에 의한 전류밀도분포

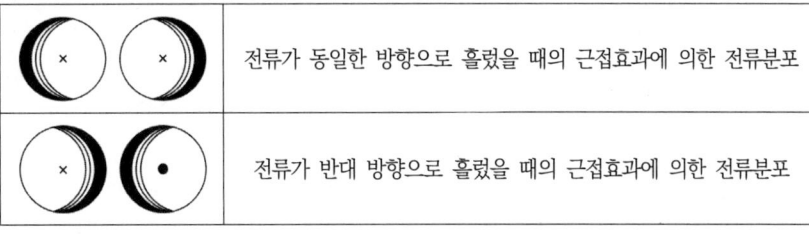

	전류가 동일한 방향으로 흘렀을 때의 근접효과에 의한 전류분포
	전류가 반대 방향으로 흘렀을 때의 근접효과에 의한 전류분포

5. 근접효과 대책
1) 전선의 이격 및 차폐 시공
2) 연선 사용

과년도 문제풀이

PART 01 기초 이론

제107회 1교시 11번 전기(회로)이론

문제 선로정수를 구성하는 요소를 들고 설명하시오.

답안 **1. 개요**

1) 송배전선로는 그림과 같이 R(저항), L(인덕턴스), C(캐패시턴스) 및 g(누설 컨덕턴스) 4가지 정수로 회로를 해석한다.

2) 이 4가지 정수를 선로정수라 하며, 계통에 있어 전압강하, 전력손실, 충전전류 등의 송배전선로의 전기적 특성을 해석한다.

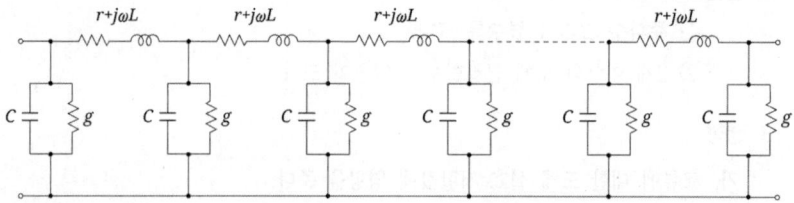

2. 선로정수

가. 저항

1) $R = \rho \dfrac{l}{A}$ [Ω], $\rho = \dfrac{1}{58} \times \dfrac{100}{C}$ [$\Omega/\text{m}\cdot\text{mm}^2$]

$R[\Omega]$: 저항

$\rho[\Omega/\text{m}\cdot\text{mm}^2]$: 저항률

$\ell[\text{m}]$: 전선길이

$A[\text{mm}^2]$: 도체단면적

2) 저항의 온도특성

$R_{t'} = R_t [1 + \alpha \, (t' - t)]$ [Ω]

R_{t_0} : 온도 t_0에서 저항값

α_{t_0} : 온도 t_0에서 온도계수

나. 인덕턴스

1) $L = 0.05 + 0.4605 \log_{10} \dfrac{2D}{d}$ [mH/km]

$L[\text{mH/km}]$: 전선 1조당 인덕턴스

$D[\text{m}]$: 등가 선간거리

$d[\text{m}]$: 전선직경

2) 자기인덕턴스와 상호인덕턴스의 합으로 전선 1조당 인덕턴스 값

다. 정전용량

1) $C = \dfrac{0.02413}{\log_{10} \dfrac{2D}{d}} [\mu\text{F}/\text{km}]$

$C [\mu\text{F}/\text{km}]$: 전선 1조당 정전용량

$D [\text{m}]$: 등가 선간거리

$d [\text{m}]$: 전선직경

2) 자기정전용량 과 상호정전용량의 합으로 전선 1조당 정전용량 값
3) 저압은 정전용량 무시 가능

라. 누설콘덕턴스

1) 선로 누설콘덕턴스는 주로 애자련의 누설저항에서 발생함
2) 애자의 누설콘덕턴스는 누설저항의 역수($G = \dfrac{1}{R}$)
3) 건조 시 애자의 누설저항이 매우 커서 특별한 경우를 제외하고는 누설콘덕턴스는 무시 가능

3. 선로정수 특징

1) 송전선로의 전압전류, 전압강하, 송전단 전력 등 특성계산 시 이용
2) 선로정수는 전선의 종류, 굵기, 배치에 따라 결정되고 전압, 전류, 역률 등의 영향은 받지 않음
3) 다만, 극히 일부 전류밀도 증가로 인한 저항증가로 코로나 발생으로 정전용량이 다소 증가하는 경우가 있다.

과년도 문제풀이

PART 01 기초 이론

제107회 1교시 12번 전기(회로)이론

문제 R-L 직렬회로에 $i = 10\sin wt + 20\sin\left(3wt + \dfrac{\pi}{4}\right)$[A]의 전류를 흘리는데 필요한 순시단자전압 v를 계산하시오. (단, R = 8[Ω], wL = 6[Ω] 이다.)

답안

1. 순시단자전압

가. 기본파 전압

1) 기본파 임피던스

$$Z_1 = R + jwL = 8 + j6$$
$$= \sqrt{8^2 + 6^2} \angle \tan^{-1}\frac{6}{8}$$
$$= 10 \angle 36.87°$$

2) 기본파 전류

$$i_1 = 10\sin wt$$

3) 기본파 전압

$$v_1 = i_1 \cdot z_1$$
$$= 10\sin wt \cdot 10 \angle 36.87°$$
$$= 100\sin(wt + 36.87°)$$

나. 제3고조파 전압

1) 제3고조파 임피던스

$$Z_3 = R + j3wL = 8 + j18$$
$$= \sqrt{(8^2 + 18^2)} \angle \tan^{-1}\frac{18}{8}$$
$$= 19.7 \angle 66.04°$$

2) 제3고조파 전류

$$i_3 = 20\sin\left(3wt + \frac{\pi}{4}\right)$$

3) 제3고조파 전압

$$v_3 = i_3 \cdot z_3$$
$$= 20\sin\left(3\omega t + \frac{\pi}{4}\right) \cdot 19.7 \angle 66.04°$$
$$= 394\sin(3\omega t + 45° + 66.04°)$$
$$= 394\sin(3\omega t + 111.04°)$$

다. 순시단자전압($v = v_1 + v_3$)

1) $v = 100\sin(wt + 36.87°) + 394\sin(3wt + 111.04°)$

제108회 1교시 01번 | **전기(회로)이론**

문제 전기회로와 자기회로의 차이점을 설명하시오.

답안
1. **전기회로와 자기회로의 등가회로**
    1) 전기회로는 전압이 인가되면 도체에 전류가 흐른다.
    2) 자기회로는 기자력이 가해지면 철심을 통해 자속이 순환한다.

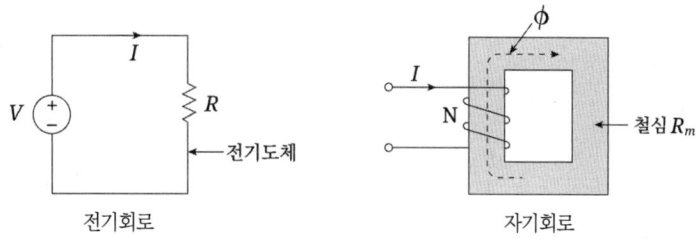

전기회로　　　　　　　자기회로

2. **전기회로와 자기회로 대응 요소**

전기회로	자기회로
기 전 력 : $E[V]$	기 자 력 : $F = NI[AT]$
전　　류 : $I[A]$	자　　속 : $\Phi[Wb]$
도 전 율 : $\sigma[\mho/m]$	투 자 율 : $\mu = \mu_s \mu_o [H/m]$
저　　항 : $R = \dfrac{l}{\sigma A}[\Omega]$	자기저항 : $R_m = \dfrac{l}{\mu A}[AT/Wb]$

3. **옴의 법칙**

전기회로	자기회로
전　압 : $E = RI[V]$	기 자 력 : $F = NI = R_m \Phi [AT]$
전　류 : $I = \dfrac{E}{R}[A]$	자　속 : $\Phi = \dfrac{F}{R_m} = \dfrac{NI}{R_m}[Wb]$
저　항 : $R = \dfrac{E}{I}[\Omega]$	자기저항 : $R_m = \dfrac{l}{\mu A}[AT/Wb]$

4. **KCL 또는 연속의 법칙**
    1) 전기회로 : 회로망 내 임의 절점에서 유입전류의 합 = 유출전류의 합
    2) 자기회로 : 철심 내 임의 단면적에서 자속의 유입량 = 유출량

5. **전기회로와 자기회로의 차이점**
    1) 전기저항(R)은 선형적이어서 에너지 저장이 없고,
    2) 자기저항(R_m)은 비선형적으로 에너지를 저장할 수 있다.
    3) 자기회로에는 철심의 포화현상으로 여러 가지 이상 현상이 발생한다.

과년도 문제풀이

PART 01 기초 이론

제108회 1교시 09번
전기(회로)이론

문제 다음과 같이 평형 Y결선 부하에 공급하는 3상 전로에서 b상이 개방(단선)되어 있고 부하측 중성선은 접지되어 있다.

불평형 선전류 $I_l = \begin{vmatrix} I_a \\ I_b \\ I_c \end{vmatrix} = \begin{vmatrix} 10\angle 0° \\ 0 \\ 10\angle 120° \end{vmatrix}$ [A]

대칭분 전류와 중성선 전류(I_n)을 구하시오.

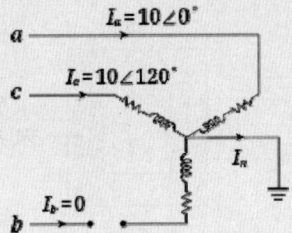

답안

1. 각 상불평형전류와 중성선 전류

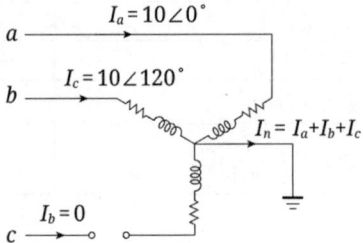

2. 대칭분 전류 (I_0, I_1, I_2)

1) $I_0 = \dfrac{1}{3}(I_a + I_b + I_c)$

$= \dfrac{1}{3}(10\angle 0° + 0 + 10\angle 120°)$

$= \dfrac{1}{3}(10 + 10\times(-\dfrac{1}{2}+j\dfrac{\sqrt{3}}{2})) = \dfrac{10}{3}(\dfrac{1}{2}+j\dfrac{\sqrt{3}}{2}) = \dfrac{10}{3}\angle 60°$

2) $I_1 = \dfrac{1}{3}(I_a + aI_b + a^2I_c)$

$= \dfrac{1}{3}(10\angle 0° + (-\dfrac{1}{2}+j\dfrac{\sqrt{3}}{2})\times 0 + (-\dfrac{1}{2}-j\dfrac{\sqrt{3}}{2})\times 10\angle 120°)$

$= \dfrac{1}{3}(10 + (-\dfrac{1}{2}+j\dfrac{\sqrt{3}}{2})\times 0 + 10\times(-\dfrac{1}{2}-j\dfrac{\sqrt{3}}{2})\times(-\dfrac{1}{2}+j\dfrac{\sqrt{3}}{2}))$

$= \dfrac{1}{3}(10 + 10(\dfrac{1}{4}+\dfrac{3}{4})) = \dfrac{1}{3}(20) = \dfrac{20}{3}$

3) $I_2 = \dfrac{1}{3}(I_a + a^2 I_b + a I_c)$

$= \dfrac{1}{3}(10\angle 0° + (-\dfrac{1}{2} - j\dfrac{\sqrt{3}}{2}) \times 0 + (-\dfrac{1}{2} + j\dfrac{\sqrt{3}}{2}) \times 10\angle 120°)$

$= \dfrac{1}{3}(10 + (-\dfrac{1}{2} - j\dfrac{\sqrt{3}}{2}) \times 0 + 10 \times (-\dfrac{1}{2} + j\dfrac{\sqrt{3}}{2}) \times (-\dfrac{1}{2} + j\dfrac{\sqrt{3}}{2}))$

$= \dfrac{1}{3}(10 + 10(-\dfrac{1}{2} - j\dfrac{\sqrt{3}}{2})) = \dfrac{10}{3}(\dfrac{1}{2} - j\dfrac{\sqrt{3}}{2}) = \dfrac{10}{3}\angle -60°$

3. 중성선 전류 (I_n)

$I_n = I_a + I_b + I_c = 3I_0 = 3 \times \dfrac{10}{3} \angle 60°$

과년도 문제풀이

PART 01 기초 이론

제110회 1교시 13번 — 전기(회로)이론

문제 다음 회로에서 스위치 SW를 닫기 직전의 전압 $V_{oc}[\text{V}]$와 a-b점에서 전원측을 쳐다본 등가 임피던스(Z_{eq}), 스위치 SW를 닫은 후 Z에 흐르는 전류[A]를 구하시오.

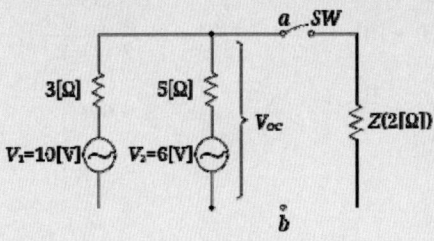

답안

1. SW를 닫기 직전의 전압(V_{oc}) 계산

  1) 밀만의 정리를 이용하여 계산

  2) $V_{oc} = \dfrac{\dfrac{10}{3} + \dfrac{6}{5}}{\dfrac{1}{3} + \dfrac{1}{5}} = 8.5\,[\text{V}]$

2. 등가 임피던스(Z_{eq}) 계산

  1) 테브난의 정리 이용

   ① 전압원을 단락시키고, 개방단자 $a - b$에서 바라본 등가 임피던스를 계산

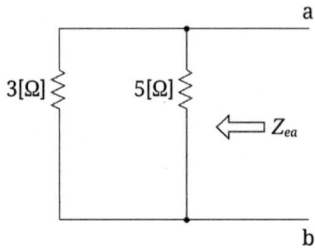

   ② 등가 임피던스 계산

   $Z_{eq} = \dfrac{1}{\dfrac{1}{3} + \dfrac{1}{5}} = 1.875\,[\Omega]$

3. SW를 닫은 후 Z에 흐르는 전류 [A] 계산 (옴의 법칙 이용)

1) 등가회로

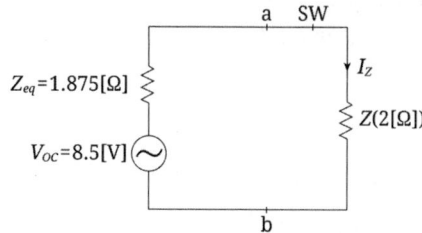

2) 부하전류

$$I_2 = \frac{8.5}{1.875 + 2} = 2.19 [\text{A}]$$

과년도 문제풀이

제111회 1교시 10번 — 전기(회로)이론

문제 교류회로에서의 공진에 대하여 설명하시오.
1) 정의 2) 직렬 및 병렬공진 3) 공진주파수

답안

1. 공진회로의 정의
1) 교류회로에는 회로 소자 인덕턴스(L), 정전용량(C) 및 저항(R) 존재
2) L에 의한 리액턴스(유도성) : $X_L = jwL = 2\pi fL\,[\Omega]$
3) C에 의한 리액턴스(용량성) : $X_C = \dfrac{1}{jwC} = \dfrac{1}{2\pi fC}\,[\Omega]$
4) 리액턴스는 교류회로의 주파수(f)에 영향을 받으며, 특정 주파수에서 유도성(X_L), 용량성(X_C) 리액턴스의 절대값이 같아지는 현상

2. 교류회로 직렬 및 병렬공진(L, C 만의 회로 시)

가. 직렬공진

1) 임피던스 합성 : $Z = jX = j(wL - \dfrac{1}{wC}) = 0\,[\Omega]$
2) 공진 시 특성
   ① 회로 임피던스 최소 → 회로 전류 최대
   ② L과 C에 인가되는 전압 확대 → 절연파괴 우려
   ③ 고조파 발생 시 콘덴서 회로 직렬 공진 발생
      → 과전류 유입(과열, 소손), 과전압 발생(절연파괴, 소손)

나. 병렬공진

1) 임피던스 합성 : $Y = \dfrac{1}{jwL} + jwC = j(wC - \dfrac{1}{wL})\,[1/\Omega]$

$$Z = \dfrac{1}{Y} = \dfrac{1}{0} = \infty\,[\Omega]$$

2) 공진 시 특성
   ① 회로 임피던스 최대 → 회로 전류 최소
   ② 고조파 발생 시 계통과 콘덴서 회로의 병렬 공진 시
      → 고조파 전류의 이상 확대현상 발생

3. 공진 주파수(L과 C 만의 회로)

1) 공진주파수 $f_0 = \dfrac{1}{2\pi\sqrt{LC}}\,[\text{Hz}]$
2) 전원계통과 콘덴서의 공진주파수 $f_0 = f\sqrt{\dfrac{P_S}{Q_C}} = f\sqrt{\dfrac{\text{전원단락용량}}{\text{콘덴서용량}}}\,[\text{Hz}]$

제113회 1교시 02번　　　　　　　　　　　　　　　　　　　　　　　　**전기(회로)이론**

문제　그림과 같이 3상 평형 부하인 경우 중성선 O'-O에는 전류가 흐르지 않음을 수식으로 설명하시오.
　　　단, $i_1 = I_m \sin \omega t$, $i_2 = I_m \sin\left(\omega - \frac{2\pi}{3}\right)$, $i_3 = I_m \sin\left(\omega t - \frac{4\pi}{3}\right)$

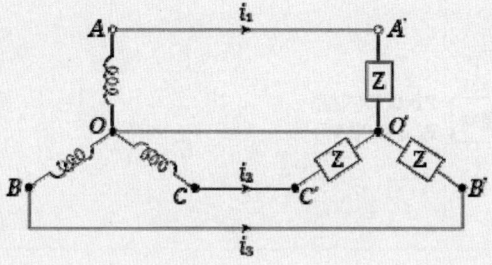

답안　**1. 3상 평형 중성선 전류**

　　　1) 3상 평형 회로에서 중성선을 연결한 Y-Y 계통에서 각 상전류는 중성점에서 합성되며, 3상의 위상차로 순시전류의 합은 "0"이 된다.

　　　2) 전원측과 부하측 중성점의 전위 역시 "0"이 되므로, 중성선에는 전류가 흐르지 않는다.

2. 전류 평형 시 중성선 전류를 수식으로 증명(키르히호프의 전류법칙)

　　　1) KCL : $i_1 + i_2 + i_3 = i_n = 0$

　　　　① $i_1 = I_m s \in wt = \dfrac{I_m}{\sqrt{2}} \angle 0 = \dfrac{I_m}{\sqrt{2}}(\cos 0 + j\sin 0)\,[A]$

　　　　② $i_2 = I_m \sin(wt - \dfrac{2\pi}{3}) = \dfrac{I_m}{\sqrt{2}} \angle -\dfrac{2\pi}{3}$

　　　　　　$= \dfrac{I_m}{\sqrt{2}}(\cos(-\dfrac{2\pi}{3}) + j\sin(-\dfrac{2\pi}{3}))\,[A]$

　　　　③ $i_3 = I_m \sin(wt - \dfrac{4\pi}{3}) = \dfrac{I_m}{\sqrt{2}} \angle -\dfrac{4\pi}{3}$

　　　　　　$= \dfrac{I_m}{\sqrt{2}}(\cos(-\dfrac{4\pi}{3}) + j\sin(-\dfrac{4\pi}{3}))\,[A]$

　　　2) $i_n = \dfrac{1}{\sqrt{2}}(I_m + I_m(-\dfrac{1}{2} - j\dfrac{\sqrt{3}}{2}) + I_m(-\dfrac{1}{2} + j\dfrac{\sqrt{3}}{2})) = 0\,[A]$

제113회 3교시 02번 — 전기(회로)이론

문제 그림과 같은 회로에서 지상 역률 0.75로 유효전력 10[kW]를 소비하는 부하에 병렬로 콘덴서를 설치하여 부하에서 본 역률을 0.9로 개선하고자 한다. 콘덴서를 설치하여 역률을 0.9로 개선하였을 경우 부하전압을 220[V]로 유지하기 위하여 전원측에 인가해야 할 전압(V_s)을 계산하시오.

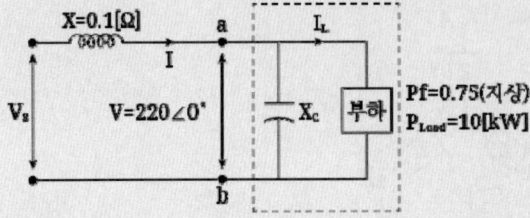

답안

1. 역률 개선전 회로

1) 피상전력 : $P_{kVA1} = \dfrac{10}{0.75} = 13.33\,[\text{kVA}]$

2) 선로전류 : $I_1 = \dfrac{P_{kVA1}}{V} = \dfrac{13.33 \times 10^3}{220} = 60.6\,[\text{A}]$

3) 전원전압 : $V_s = V_r + I_1(r\cos\theta_1 + x\sin\theta_1)$
$= 220 + 60.6(0 \times 0.75 + 0.1 \times \sqrt{1 - 0.75^2}) = 224\,[\text{V}]$

2. 역률 개선후 회로

1) 피상전력 : $P_{kVA2} = \dfrac{10}{0.9} = 11.11\,[\text{kVA}]$

2) 선로전류 : $I_2 = \dfrac{P_{kVA2}}{V} = \dfrac{11.11 \times 10^3}{220} = 50.5\,[\text{A}]$

3) 전원전압 : $V_s = V_r + I_2(r\cos\theta_2 + x\sin\theta_2)$
$= 220 + 50.5(0 \times 0.9 + 0.1 \times \sqrt{1 - 0.9^2}) = 222.2\,[\text{V}]$

제114회 1교시 06번   전기(회로)이론

문제   간격이 d[m]인 평행한 평판사이의 정전용량을 구하시오.
단, 판의 면적은 $S[m^2]$이고, 면전하 밀도를 $\delta[C/m^2]$라 한다.

답안
1. 전계 : $E = \dfrac{\delta}{\epsilon}[V/m]$

2. 전위 : $V = Ed = \dfrac{\delta}{\epsilon}d[V]$

3. 전하량 : $Q = \delta S[C]$

4. 정전용량 : $C = \dfrac{Q}{V} = \dfrac{\delta S}{\dfrac{\delta}{\epsilon}d} = \epsilon\dfrac{S}{d}[F] = \dfrac{\epsilon_0 \epsilon_s S}{d}[F]$

제114회 1교시 13번   전기(회로)이론

문제   무한히 긴 직선도선에 전류 $I[A]$가 흐를 때 도선으로부터 $r[m]$ 떨어진 점에서의 자계의 세기 $H[AT/m]$를 구하시오.

답안
1. 암페어 주회적분 법칙

  1) 임의의 폐곡선에 대한 자계의 선적분은 이 폐곡선을 관통하는 전류의 합과 같다.

  2) $\oint_C H\,dl = nI[A]$, n(턴수)

2. 자계세기

  1) $\oint_C H\,dl = nI[AT]$

  2) $H \times l = nI$

  3) $H = \dfrac{nI}{l} = \dfrac{nI}{2\pi r}[AT/m]$

과년도 문제풀이

제115회 1교시 13번 [전기(회로)이론]

문제 다음 회로에서 단자(a, b) 왼쪽의 테브난 등가회로를 그리고, 부하전류를 구하시오.
(단, 부하저항 $R_L = 8\,[\Omega]$)

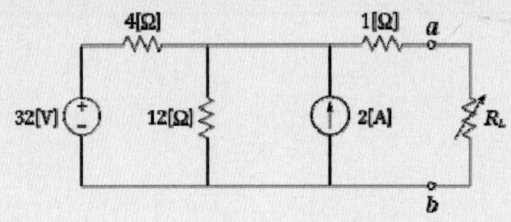

답안

1. 중첩의 원리

    1) a-b 단자 개방 후 부하측에서 바라본 전원측 단자 전압 V_{ab}

    2) 전류원 개방 시 V_{ab}' (12[Ω]에 인가되는 전압)

    $$: V_{ab}' = \frac{12}{4+12} \times 32 = 24\,[\text{V}]$$

    3) 전압원 단락 시 V_{ab}'' (4[Ω]//12[Ω] 병렬접속)

    $$: V_{ab}'' = \frac{4 \times 12}{4+12} \times 2 = 6\,[\text{V}]$$

    4) 중첩의 원리

    $$: V_{ab} = V_{ab}' + V_{ab}'' = 24 + 6 = 30\,[\text{V}]$$

    5) 전원측의 합성 임피던스 (전류원은 개방, 전압원은 단락)

    $$: 4[\Omega]//12[\Omega] + 1[\Omega] = \frac{4 \times 12}{4+12} + 1 = 4\,[\Omega]$$

2. 테브난의 등가회로

    1) 전원전압 : 30[V]

    2) 전원 직렬 임피던스 : 4[Ω]

    3) 부하 임피던스 : 8[Ω]

    4) 부하전류 : $I_L = \dfrac{30}{4+8} = 2.5\,[\text{A}]$

제115회 4교시 04번   **전기(회로)이론**

문제   파동 방정식은 매질을 이동하며 일어나는 전자파의 특성을 해석할 수 있다.
       맥스웰 방정식을 이용하여 파동 방정식을 설명하시오.

답안

1. 파동함수의 정의

1) 1차원 공간에서 진행하는 임의의 조화진동의 함수 $\psi(x,t)$는

$\psi(x,t) = Ae^{i(kx-wt)}$ 으로,

파동함수의 변위(위치)에 대한 이계도 미분과 시간에 대한 이계도 미분 사이에는 항상 다음의 관계식이 성립해야 하며, 이 관계식을 1차원 공간의 일반 파동함수 방정식이라고 한다.

2) $\dfrac{d^2\psi(x,t)}{dx^2} = \dfrac{1}{v^2}\dfrac{d^2\psi(x,t)}{dt^2}$ (1차원, v는 파동의 진행 속도)

3) $\nabla^2\psi = \dfrac{1}{v^2}\dfrac{d^2\psi}{dt^2}$ (일반식), 여기서, $k = \dfrac{2\pi}{\lambda}$, $w = 2\pi v$

2. 맥스웰 방정식

1) 암페어 주회적분 법칙

① 전류밀도 J가 경계조건(연속방정식을 만족)을 만족하는 조건에서 변위 전속선 D이 시간에 따라 변하면 자기장이 유도(형성)된다.

② $\nabla \times H = J + \dfrac{dD}{dt}$, $(D = \epsilon E [\text{C/m}^2])$: 전류의 흐름이 자기장을 유도

2) 페러데이 법칙

① 자속밀도(자계강도)가 시간에 따라 변하면 전기장이 생성된다.

② $\nabla \times E = -\dfrac{dB}{dt}$, $(B = \mu H [\text{wb/m}^2])$: 자속밀도가 전기장 생성

3) 가우스 정리 (전계)

① 임의의 폐곡면을 갖는 경계면의 총 전속선과 총 전하의 양은 서로 같다.

② $\nabla \cdot E = \dfrac{\rho}{\epsilon}$, $(\nabla \cdot D = \rho)$: 고립전하가 존재

4) 가우스 정리 (자계)

① 자기장은 전기장과 달리 자속밀도의 발산은 없다.

② $\nabla \cdot B = 0$, $(\nabla \cdot H = 0)$: 고립자하는 존재하지 않음

과년도 문제풀이 — PART 01 기초 이론

3. 파동 방정식 유도

1) 전자기장(전기장과 자기장)이 전류가 흐르지 않는 (즉, net charge = 0) 진공상태의 공간에 존재한다고 가정한다.

2) 가정 조건에 따라, 전류밀도 $J = \rho = 0$, 유전율 $\epsilon = 1$가 되어, 가우스의 정리

$$\nabla \cdot E = \frac{\rho}{\epsilon} \text{ 는}$$

$$\nabla \cdot E = \frac{\rho}{\epsilon} = \rho = 0 \text{ 이 된다.}$$

3) 모든 벡터에 대해서 $\nabla \times \nabla \times \vec{A} = \nabla\nabla \cdot \vec{A} - \nabla^2 \vec{A}$ 의 관계가 항상 성립한다.

4) 2), 3)의 가정조건과 벡터의 성질을 이용하여 패러데이 법칙($\nabla \times E = -\frac{dB}{dt}$)에 양변에 $\nabla \times$을 취해주게 되면

5) 좌변 : $\nabla \times \nabla \times E = \nabla(\nabla \cdot E) - \nabla^2 E = -\nabla^2 E,\ (\nabla \cdot E = 0)$

6) 우변 : $-\nabla \times \frac{dB}{dt} = -\frac{d\nabla \times B}{dt} = -\frac{\mu d \nabla \times H}{dt} = -\frac{\mu d\left(J + \frac{dD}{dt}\right)}{dt}$

$$= -\mu \frac{d^2 D}{dt} = -\epsilon\mu \frac{d^2 E}{dt}$$

7) 결과 식 : $-\nabla^2 E = -\epsilon\mu \frac{d^2 E}{dt^2}$ 은 $\nabla^2 E = \epsilon\mu \frac{d^2 E}{dt^2}$ 로 정리

8) 진공상태에서 유전율($\epsilon_0 = 8.854 \times 10^{-12}\,[\text{F/m}]$)과 투자율($\mu_0 = 4\pi \times 10^{-7}\,[\text{H/m}]$)의 곱은 빛의 속도 제곱의 역수와 같다.

즉, $\epsilon_0 \mu_0 = \frac{1}{c^2}\ (c = 3.0 \times 10^8\,[\text{m/s}])$

9) $\nabla^2 E = \epsilon\mu \frac{d^2 E}{dt^2} = \frac{1}{c^2}\frac{d^2 E}{dt^2}$ ↔ 파동함수 비교 : $\nabla^2 \psi = \frac{1}{v^2}\frac{d^2\psi}{dt^2}$ (일반식)

10) 이는 자연에 존재하는 모든 빛(광자)은 맥스웰 방정식(연속 방정식)에 의한 경계조건)을 만족하는 전자기파에 해당됨을 보여준다.

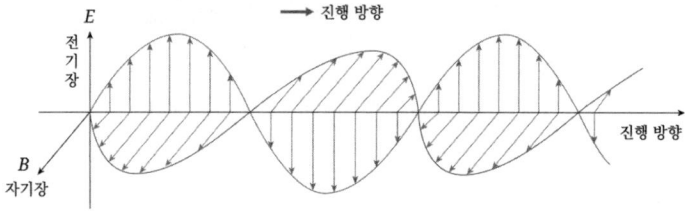

빛은 전자기파이며 전기장과 자기장이 서로 수직하고, 이 둘의 벡터 외적을 한 값으로 전자기파가 진행하는 방향을 의미한다.

제116회 1교시 03번   전기(회로)이론

문제 교류자기회로 코일에 시변 자속이 인가될 때 유도기전력을 설명하시오.
(단, 자기회로는 포화와 누설이 발생하지 않는다고 가정)

답안

1. 전자유도현상

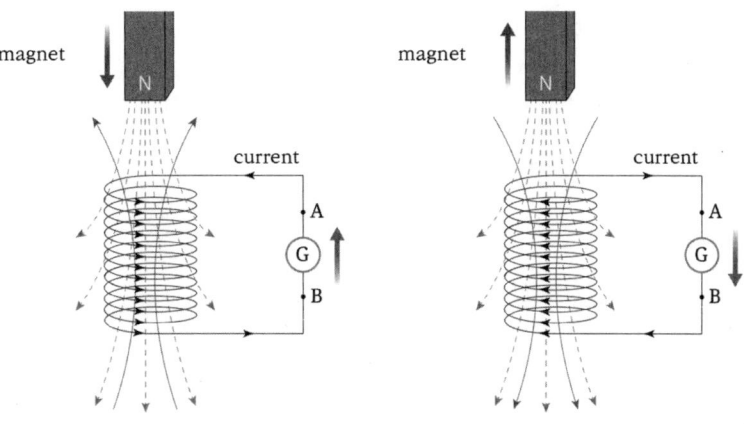

(a) Increasing magnetic flux   (b) Decreasing magnetic flux

1) 페러데이 법칙(Faraday's Law)

$$e = -N\frac{d\phi}{dt}\ [V]$$

여기서, e : 유도 기전력 [V]
$d\phi$: 쇄교 자속의 변화 [wb]
N : 코일의 감은 수

2. 유기기전력

1) 역기전력을 발생시키기 위하여 권선 중에 전류가 흘러서 자속이 발생하고 이 자속이 시간에 따라 교번하는 동시에 전부 권선에 쇄교

$$e = -N\frac{d\phi}{dt} = -N\frac{d}{dt}\phi_m sin\omega t = -N\phi_m w\, cos\omega t$$
$$= N\phi_m w\, sin(wt - \frac{\pi}{2})\ [V],$$

$\phi = \phi_m sin\omega t\,[wb]$

2) 유기기전력의 전압의 최대값은 $E_m = wN\phi_m [V]$이므로, 실효값은

$$E = \frac{E_m}{\sqrt{2}} = \frac{\omega N\phi_m}{\sqrt{2}} = \frac{2\pi}{\sqrt{2}}fN\phi_m = 4.44 fN\phi_m$$

과년도 문제풀이 — PART 01 기초 이론

제116회 1교시 04번 — 전기(회로)이론

문제 다음 그림에서 $t=0$에서 스위치 S를 닫을 때 과도전류 $i(t)$를 구하시오.

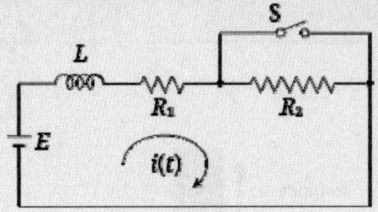

답안

1. 과도전류 $i(t)$ (스위치 S를 닫을 때)

   1) KVL에 의한 평형방정식 : $E = L\dfrac{di(t)}{dt} + R_1 i(t)\,[\text{V}]$

   2) 정상해 : $\dfrac{di(t)}{dt} = 0$, $i_0 = \dfrac{E}{R_1}\,[\text{A}]$

   3) 과도해 : $E = 0$, $L\dfrac{di(t)}{dt} + R_1 i(t) = 0$

   $$\dfrac{di(t)}{i(t)} = -\dfrac{R_1}{L}dt \rightarrow \ln i(t) = -\dfrac{R_1}{L} + C$$

   $$i(t) = e^{(-\frac{R_1}{L}t + C)} = e^{-\frac{R_1}{L}t} \times e^C = Ae^{-\frac{R_1}{L}t}$$

   4) 완전해 = 정상해 + 과도해

   $: i(t) = \dfrac{E}{R_1} + Ae^{-\frac{R_1}{L}t}$, 여기서 S 개방 시 초기 전류 = $i_s = \dfrac{E}{R_1 + R_2}\,[\text{A}]$ 이므로

   5) 상수 A

   $: i(0) = \dfrac{E}{R_1} + Ae^0 = i_s = \dfrac{E}{R_1 + R_2}$, $A = \dfrac{E}{R_1 + R_2} - \dfrac{E}{R_1} = \dfrac{-R_2}{R_1(R_1 + R_2)}E$

   6) $i(t) = \dfrac{E}{R_1} - \dfrac{R_2 R}{R_1(R_1 + R_2)}e^{-\frac{R_1}{L}t} = \dfrac{E}{R_1}\left(1 - \dfrac{R_2}{R_1 + R_2}e^{-\frac{R_1}{L}t}\right)[\text{A}]$

2. 과도전류와 시정수

   1) 과도전류 : $i(t) = \dfrac{E}{R_1}\left(1 - \dfrac{R_2}{R_1 + R_2}e^{-\frac{R_1}{L}t}\right)[\text{A}]$

   2) 시정수 : $\tau = \dfrac{L}{R_1}$

제116회 1교시 11번 — 전기(회로)이론

문제 3고조파 전류가 영상전류가 되는 이유에 대하여 설명하시오.

답안

1. 영상분 고조파
  1) 영상분 고조파 성분은 각 상에 동상값의 파형으로 단상 전원 3개가 선로에 병렬로 연결된 것과 등가
  2) 영상분 고조파는 차수 $3n\,(n=1,2,3\cdots)$에 해당하는 고조파 성분

2. 제 3고조파 전류가 영상전류가 되는 이유
  1) 제 3고조파는 각상의 위상이 같다. (각 상전류는 회전하지 않는 영상분 전류)
  2) 따라서 영상분 전류는 중성선에서 스칼라의 합이 되어 전류가 확대된다.

3. 제 3고조파 전류의 합성
  1) 3고조파 각 상의 주파수 3배수

  (기본파 : $I_R = I_m \sin wt\,[\text{A}]$, $I_S = I_m \sin(wt - \frac{2\pi}{3})[\text{A}]$, $I_T = I_m \sin(wt - \frac{4\pi}{3})[\text{A}]$)

  ① R상 : $I_R = \frac{1}{3} I_m \sin 3wt\,[\text{A}]$

  ② S상 : $I_S = \frac{1}{3} I_m \sin 3(wt - \frac{2\pi}{3}) = \frac{1}{3} I_m \sin(3wt - 2\pi) = \frac{1}{3} I_m \sin 3wt\,[\text{A}]$

  ③ T상 : $I_T = \frac{1}{3} I_m \sin 3(wt - \frac{4\pi}{3}) = \frac{1}{3} I_m \sin(3wt - 4\pi) = \frac{1}{3} I_m \sin 3wt\,[\text{A}]$

  2) 중선선 전류의 합

  $I = \frac{1}{3} I_m \sin 3wt + \frac{1}{3} I_m \sin 3wt + \frac{1}{3} I_m \sin 3wt = I_m \sin 3wt\,[\text{A}]$

과년도 문제풀이 — PART 01 기초 이론

제117회 1교시 07번 전기(회로)이론

문제 선전하밀도가 ρ_l [C/m]인 무한히 긴 선전하로부터 거리가 각각 a[m], b[m]인 두 점 사이의 전위차 V_{ab}[V]를 구하시오.

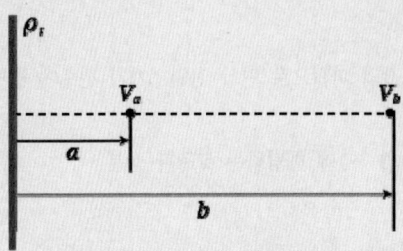

답안

1. 직선도체의 외부의 전계의 세기

1) 가우스 정리 : 임의의 폐곡면을 통과하는 전기력선의 수는 전하의 크기와 같다.

2) 무한 직선 도체

① 가우스 정리 : $\oint_S D\,ds = D \cdot 2\pi r \cdot l = \rho_l \cdot l$

$$\therefore D = \frac{\rho_l}{2\pi r}\,[\text{C/m}^2]$$

② 전계의 세기 : $E = \dfrac{D}{\epsilon} = \dfrac{\rho_l}{2\pi\epsilon r}\,[\text{V/m}]$

3) 전위 : $V = -\displaystyle\int_\infty^r E\,dr = -\int_\infty^r \frac{\rho_l}{2\pi\epsilon r}\,dr = \frac{\rho_l}{2\pi\epsilon}\int_r^\infty \frac{1}{r}\,dr = \infty\,[\text{V}]$

2. 전위차

1) 전위차 : $V_{ab} = V_a - V_b = -\displaystyle\int_b^a E\,dr = -\int_b^a \frac{\rho_l}{2\pi\epsilon r}\,dr = \frac{\rho_l}{2\pi\epsilon}\int_a^b \frac{1}{r}\,dr$

$= \dfrac{\rho_l}{2\pi\epsilon}\,[\ln r]_a^b = \dfrac{\rho_l}{2\pi\epsilon}\ln\dfrac{b}{a}\,[\text{V}]$

제117회 1교시 13번   전기(회로)이론

문제   다음 회로에서 저항 R_1, R_2 에 흐르는 전류 I_1, I_2를 구하시오.

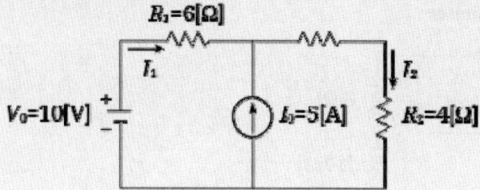

답안   **1. 중첩의 원리**

1) 전류원 개방 : $I_1' = I_2' = \dfrac{V_0}{R_1 + R_2} = \dfrac{10}{6+4} = 1\,[\text{A}]$

2) 전압원 단락 : $I_0 = I_1'' + I_2'' = \dfrac{4}{6+4} \times 5 + \dfrac{6}{6+4} \times 5 = 2 + 3$

3) 전류 합성

① $I_1 = I_1' + (-)I_1'' = 1 - 2 = -1\,[\text{A}]$

② $I_2 = I_1' + I_2'' = 1 + 3 = 4\,[\text{A}]$

과년도 문제풀이   PART 01 기초 이론

제117회 2교시 04번   전기(회로)이론

문제   다음 회로에서 전력계에 나타난 전력을 구하시오.

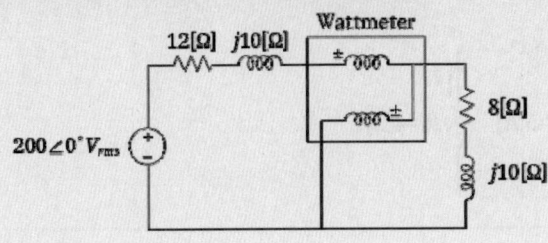

답안

1. 전력계의 지시

   1) 전력계의 지시값은 부하($Z = 8 + j10\,[\Omega]$)에서 소비되는 전력

   2) 전력계에 흐르는 전류

     ① 회로의 전체 임피던스 : $Z_T = (12 + j10) + (8 + j10) = 20 + j20\,[\Omega]$

     ② 전체 전류 : $I_{\mathrm{rms}} = \dfrac{200 \angle 0°}{(12+j10)+(8+j10)} = \dfrac{200}{20+j20} = 5 - j5\,[\mathrm{A}]$

   3) 부하($Z = 8 + j10\,[\Omega]$)에 걸리는 전압

     ① $V_{rms} = I_{rms} \times Z_L = (5-j5) \times (8+j10) = 90 + j10\,[\mathrm{V}]$

2. 복소전력 계산

   1) $S = V_{\mathrm{rms}} I_{rms}^{*} = (90+j10) \times (5+j5) = 400 + j500\,[\mathrm{VA}]$

   2) 전력계의 지시값은 유효전력으로 복소전력의 $400\,[\mathrm{W}]$

제117회 2교시 05번   전기(회로)이론

문제 단상 반파정류기와 단상 전파정류기를 설명하시오.

답안

1. 단상 반파 정류기

1) 정류회로 및 입출력 파형의 형태

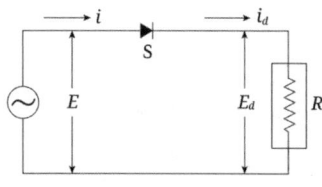
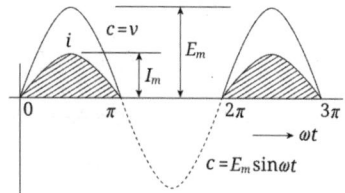

: 입력 전압의 (+)반주기는 통과하고, (-) 반주기는 통과시키지 않는 회로

2) 출력

① 전원전압(입력) : $e(t) = \sqrt{2}\,E sinwt\,[\text{V}]$

② 정류전압평균값 : $E_{dc} = \dfrac{1}{2\pi}\displaystyle\int_{\alpha}^{\pi}\sqrt{2}\,sinwt\,dwt = \dfrac{\sqrt{2}}{2\pi}(1+cos\alpha)\,[\text{V}]$

③ 출력전압 = 입력전압 × 0.45

2. 단상 전파 정류기

1) 정류회로 및 입출력 파형의 형태

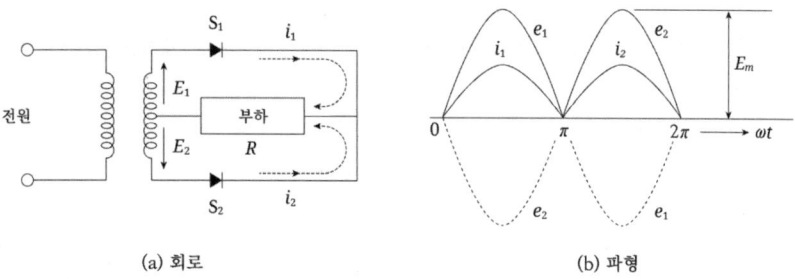

(a) 회로   (b) 파형

: 입력 전압의 (+)와 (-) 파형이 모두 한 쪽 방향으로 통과시키는 회로

2) 출력

① 전원전압(입력) : $e(t) = \sqrt{2}\,E sinwt\,[\text{V}]$

② 정류전압평균값 : $E_{dc} = \dfrac{1}{\pi}\displaystyle\int_{\alpha}^{\pi}\sqrt{2}\,sinwt\,dwt = \dfrac{\sqrt{2}}{\pi}(1+cos\alpha)\,[\text{V}]$

③ 출력전압 = 입력전압 × 0.9

과년도 문제풀이

PART 01 기초 이론

제 118회 1교시 13번　　　　　　　　　　　　　　　　　　　　　　　전기(회로)이론

문제　맥스웰 방정식에 대하여 설명하시오.

답안　**1. 맥스웰 방정식**

　　1) 암페어 주회적분 법칙

　　　① 적분형 : 자계를 선적분하면 전류와 같다.

$$\oint_C H\,dl = I + \frac{d\phi_E}{dt}$$

　　　② 미분형 : 회전자계는 전도전류와 변위전류에 의해 발생

$$\nabla \times H = kE + \frac{dD}{dt} \quad \nabla \times H = kE + \frac{dD}{dt}$$

　　2) 패러데이 법칙

　　　① 적분형 : 자속의 변화를 반대하는 방향으로 역기전력 발생

$$e = -N\frac{d\phi}{dt}$$

　　　② 미분형 : 회전자계는 자속의 변화를 반대하는 방향으로 발생

$$\nabla \times E = -\frac{dB}{dt}$$

　　3) 가우스 정리

　　　① 적분형 : 폐곡면내 전속의 합은 내부 전하량과 같다.

$$\oint_S D\,ds = Q$$

　　　② 미분형 : 고립전하의 존재, 전속밀도의 발산은 체적전하밀도와 같다.

$$\nabla \cdot D = \rho$$

　　4) 가우스 정리

　　　① 적분형 : 폐곡면내 자속의 합은 항상 0이다.

$$\oint_S B\,ds = 0$$

　　　② 미분형 : 고립자하의 존재하지 않으며, 자속밀도의 발산은 0이다.

$$\nabla \cdot B = 0$$

제119회 1교시 06번   **전기(회로)이론**

문제   다음 회로의 부하전류를 중첩의 정리를 이용하여 부하전류 $I_L[\mathrm{A}]$을 구하시오.

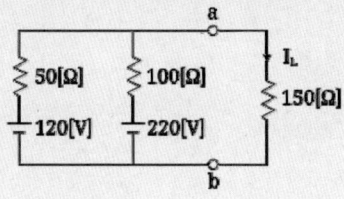

답안   **1. 밀만의 정리**

1) "a" 점에서 KCL을 적용

$$\frac{V_1 - V_{ab}}{Z_1} + \frac{V_2 - V_{ab}}{Z_2} = \frac{V_{ab}}{Z_3}$$

$$\frac{V_1}{Z_1} + \frac{V_2}{Z_2} = \left(\frac{1}{Z_1} + \frac{1}{Z_2} + \frac{1}{Z_3}\right) V_{ab}$$

2) "a-b" 단자전압 $V_{ab} = \dfrac{\dfrac{V_1}{Z_1} + \dfrac{V_2}{Z_2}}{\dfrac{1}{Z_1} + \dfrac{1}{Z_2} + \dfrac{1}{Z_3}} = \dfrac{\dfrac{120}{50} + \dfrac{220}{100}}{\dfrac{1}{50} + \dfrac{1}{100} + \dfrac{1}{150}} = 125.45\,[\mathrm{V}]$

3) $I_L = \dfrac{V_{ab}}{Z_3} = \dfrac{125.45}{150} = 0.836\,[\mathrm{A}]$

제119회 3교시 02번 | 전기(회로)이론

문제 그림과 같은 회로에서 인덕턴스 L에 흐르는 전류가 교류전원 전압 E와 동상이 되기 위한 저항 R_2 값을 구하시오.

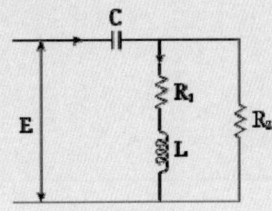

답안

1. 전체 회로전류와 인덕턴스 L에 흐르는 전류

1) 교류전원 : $E = E_m \sin wt [V]$

2) 전체 임피던스 $Z_T = -j\dfrac{1}{wC} + \dfrac{(R_1+jwL) \times R_2}{(R_1+jwL)+R_2} [\Omega]$

3) 전체 회로전류 $I_T = \dfrac{E}{Z_T} [A]$ 이며,

4) 인덕턴스 L에 흐르는 전류 $I_{XL} = \dfrac{R_2}{R_1+R_2+jwL} \times \dfrac{E}{Z_T} [A]$ 이며,

5) E와 I_{XL}가 동상이 되기 위해 $(\dfrac{R_2}{R_1+R_2+jwL} \times \dfrac{1}{Z_T})$는 무유도성이 되어야 함

$$(\dfrac{R_2}{R_1+R_2+jwL} \times \dfrac{1}{Z_T}) = \dfrac{R_2}{R_1+R_2+jwL} \times \dfrac{1}{-j\dfrac{1}{wC} + \dfrac{(R_1+jwL) \times R_2}{(R_1+jwL)+R_2}}$$

$$= \dfrac{R_2}{(R_1+R_2+jwL) \times [-j\dfrac{1}{wC} + \dfrac{(R_1+jwL) \times R_2}{(R_1+jwL)+R_2}]}$$

$$= \dfrac{R_2}{(R_1+jwL) \times R_2 - j\dfrac{(R_1+R_2+jwL)}{wC}}$$

$$= \dfrac{R_2}{R_1R_2 + jwLR_2 - j\dfrac{(R_1+R_2+jwL)}{wC}}$$

분모의 허수부의 값이 "0"인 조건

6) $jwLR_2 - j\dfrac{(R_1+R_2+jwL)}{wC} = 0$

$wLR_2 = \dfrac{(R_1+R_2+jwL)}{wC}$

$w^2LCR_2 = R_1+R_2+jwL$

$(w^2LC-1)R_2 = R_1+jwL$

7) $R_2 = \dfrac{R_1+jwL}{w^2LC-1}$ [Ω]일 때 인덕턴스 L에 흐르는 전류의 위상이 전원 E의 위상과 같다.

MEMO

배울학 건축전기설비기술사 Level Zero

PART 02
용어의 정리

01 전기설비기술기준 · KEC · 내선규정

02 KS C IEC

03 송배전 기술용어 해설집

04 KECG

05 표준전압/전류

PART 02 용어의 정리
1 전기설비기술기준·KEC·내선규정

1. 전기설비기술기준

   1) 기술기준의 구성

      가) 총칙

      나) 전기공급 및 전기사용 설비

   2) 기술기준의 개요

      가) 기술기준 제정 의의

      전기설비의 공사·유지 및 운용에 있어서 인체에 위해나 물체에 장해, 손상 또는 공급에 지장을 주는 것을 사전에 예방하여 국민의 생명과 재산을 보호하고, 전기공급자나 전기사용자 및 공공의 안전을 확보하여 전기의 원활한 공급과 효율적 이용으로 국민생활의 향상과 국가경제발전을 도모하기 위하여 지식경제부장관은 필요한 기술기준을 규정하여 고시하도록 전기사업법 제67조(기술기준)에서 규정하고 있으며, 동법 시행령 제43조(기술기준의 제정)에서 기술기준의 제정원칙을 규정하고 있다.

      나) 전기설비기술기준의 제정근거(전기사업법 제67조)

      지식경제부장관은 전기설비의 안전관리를 위하여 필요한 기술기준을 정하여 운영하도록 규정

      다) 기술기준의 제정원칙(전기사업법 시행령 제43조)

      ① 사람이나 다른 물체에 위해 또는 손상을 주지 아니하도록 할 것
      ② 내구력의 부족 또는 기기 오작동에 의하여 전기공급에 지장을 주지 말 것
      ③ 다른 전기설비 그 밖에 물건의 기능에 전기적/자기적 장애를 주지 말 것
      ④ 에너지의 효율적인 이용 및 신기술·신공법의 개발·활용 등에 지장을 주지 말 것

      라) 주요내용

      ① 전기사업법에 기초하여 전기설비 안전 확보를 목적으로 필요한 최소한의 규제
      ② 필수적인 안전 성능만을 규정하여 탄력적으로 운용

3) 기술기준의 위상

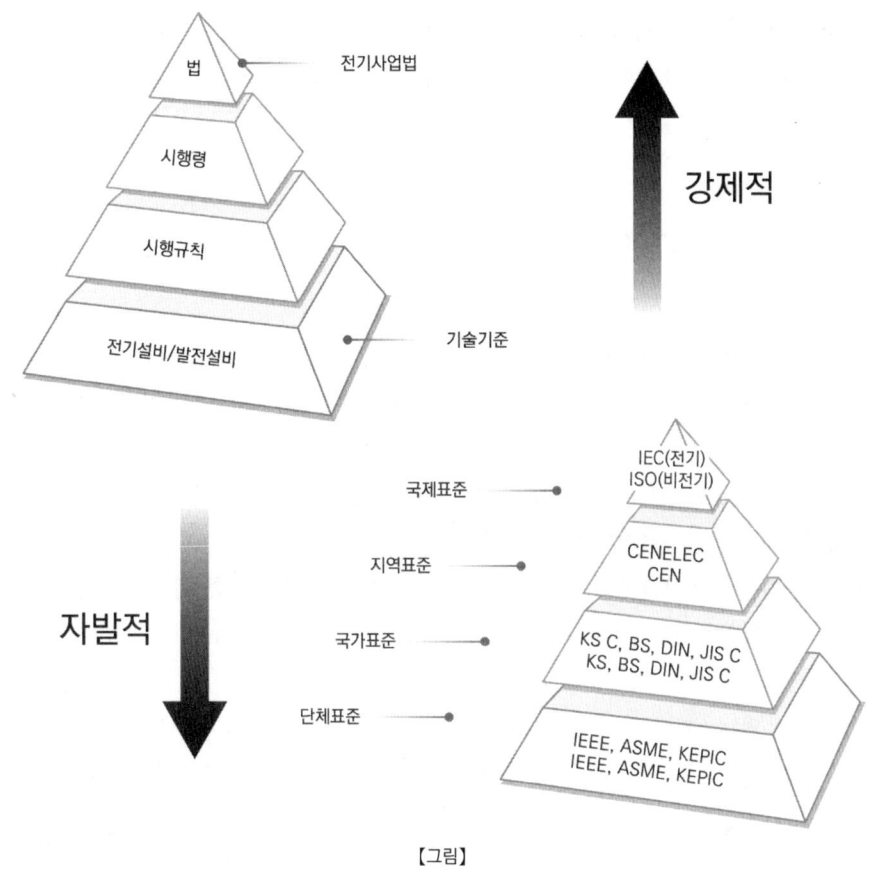

【그림】

4) 기술기준과 표준과의 비교

【표】

구 분	기술 기준	표 준
목 적	공중위생, 안전, 환경보호, 소비자보호, 국방 등 공공의 이익 추구	표준화에 따른 생산·유통 효율성 제고
방 법	정부의 주무부서 별로 제정·시행	• 국제 표준화기관에 의한 공적 표준 • 생산자협회 또는 학술·전문협회 등 이해관계자의 동의에 의한 사실표준
의 무	강제적(Mandatory)	대부분 자발적(Voluntary)
행정 조항	광범위하게 포함	거의 포함하지 않음

2. 판단기준

1) 전기설비기술기준의 판단기준 제정 의의
전기설비기술기준이 안전 확보에 필요한 성능요건만을 규정함에 따라 그 요건에 적합한 기술적 세부사항을 하나의 예로서 "전기설비기술기준의 판단기준"을 공고하고 있다.

2) 판단기준의 구성
전기설비 조문수 294개 조문

3) 기술기준의 적합판단
기술기준의 적합판단은 개개의 사례별로 판단하되 한국전기기술기준위원회에서 채택하여 지식경제부장관의 승인을 받은 "기술기준의 판단기준"을 적합의 일예로 제시하고 기술기준 요건에 비추어 안전확보에 충분한 기술적 근거가 있는 경우 기술기준에 적합한 것으로 판단하여 탄력적으로 운용하게 된다.

"기술기준의 판단기준"에는 재료의 규격, 수치, 계산식 등을 구체적으로 기재하고 그 내용은 현행 기술기준과 유사하게 정하여 사용자의 편리를 도모하였다.

현행 기술기준은 전기사업법상의 강제기준이나, 판단기준은 개편된 기술기준의 적합성을 판단하는 기준이므로 전기사업법에 의한 공사계획 등의 인가, 사용전검사 등에서 기술기준에 대한 판단기준이 됨과 동시에 행정절차법에 의한 처분기준으로서의 지위가 부여된다.

판단기준에 없는 사례이더라도 그것이 기술기준의 요건에 비추어 안전 확보에 충분한 기술적 근거가 있으면 정부는 그 기술적 근거의 타당성 등이 기술기준에 적합한 것으로 판단하게 된다.

3. 내선규정

1) 내선규정의 이해

전기설비기술기준은 전기설비의 안전성능에 대한 최소한의 기술기준이며, 내선규정(대한 전기협회 발행)은 기술기준의 내용 중 난해한 표현으로 되어 있거나 또는 입법기술상 추상적인 표현으로 되어 있는 조항에 대하여 기술기준의 기술형식에 구애받지 않고, 기술기준에 정해진 취지를 살려 알기 쉽도록 표현하고 있다. 또한 기술기준에 명기되어 있지 않은 사항에 대하여 보완적으로 기술함과 동시에 운전, 유지보수, 공사 및 검사 시 참고가 될 수 있도록 정한 것이다. 그러므로 설계 및 시공자가 계약상 기술시방서 등에서 내선규정을 채택하여 이를 사용하는 것은 자율적인 사항이다.

2) 내선규정의 내용

가) 신기술의 개발, 신제품의 출현, 사회적 변천 등에 따라 앞으로 전기설비기술기준과 전기설비 기술기준의 판단기준에 포함될 수 있는 사항으로 고려되는 경우에 권고사항으로 운용하도록 하였으며,

나) 전기설비기술기준과 전기설비기술기준의 판단기준에 명기되어 있지 않은 사항은 보완하여 설계, 시공, 검사 등에서 참고가 될 수 있도록 한다.

다) 내선규정은 제1부부터 제4부까지의 적용방법이나 또는 KS C IEC 60364 건축전기설비에 관한 국제 표준을 제5부에 신설하여 국제표준을 선택 적용할 수 있도록 하였다.

3) 내선규정의 분류

이 규정은 내용에 따라 다음의 세 가지 종류로 분류되어 각각의 정의에 따르도록 하고 있으며, 이외에 일반적인 기술사항을 포함하였고, 필요사항을 부록으로 수록하였다.

가) 의무 사항

전기설비기술기준과 전기설비기술기준의 판단기준에서 규정하고 있는 사항(구체적으로 규정하고 있는 사항, 추상적으로 규정하고 있는 사항을 모두 포함) 또는 규정하고 있지 않으나 옥내설비위원회에서 심의한 결과, 시공 상 안전에 관하여 반드시 필요하다고 판단된 사항 "~하여야 한다." "~할 것"으로 표현

나) 권고 사항

전기설비기술기준과 전기설비기술기준의 판단기준이 규정하고 있지 않으나 옥내설비위원회가 심의한 결과 전기설비 시공안전에 관하여 배려를 요한다고 판단된 사항 "~한다." "~권고한다."로 표현

다) 장려 사항

전기설비기술기준과 전기설비기술기준의 판단기준이 규정하고 있지 않으나 옥내설비위원회가 심의한 결과 경제적, 서비스 또는 기타 특별히 장려하고자 하는 사항 "~좋다." "~바람직하다."로 표현

PART 02 용어의 정리
2 KS C IEC

1. 개요
WTO/TBT 협정 의무 준수를 위한 전기사업법상 기술기준의 국제화 개편으로 저압전기설비 시설관련 국제 규격인 IEC 60364(건축전기설비)가 2005. 1. 10부터 전기설비기술기준에 도입되어 시행중이다.

2. 전기설비기술기준의 선진화 동향
전기설비기술기준은 전기설비를 구체적으로 시설하여야 할 시설안전기준과 KS를 기초로 한 전기기자재의 구체적인 기준으로 구성되어 있으며 KS의 국제 표준과의 조화 추진방향은 전기사업법상 기술기준의 선진화 추진방침을 결정하는데 주요한 요소가 된다.

국가표준화 업무를 담당하고 있는 산업자원부 기술표준원에서 WTO/TBT 협정에 의거 KS를 국제표준과 조화시키기 위하여 ISO/IEC Guide 21(KS GD A21 : 국제표준의 지역 또는 국가표준의 채택)에 따라 국가 규격인 KS를 국제규격과 일치(IDT) 또는 수정(MOD) 부합화시켜왔다.

또한 송변·배전분야의 설계, 기자재 제작, 시공 등에 관한 표준으로서 한국전력공사의 제품규격(ES)은 대부분 IEC 표준에 기초하고 있다. 이에 따라 전기사업법상 전기설비기술기준의 선진화 추진방향은 판단기준은 국제표준인 IEC의 요건을 기본원칙으로 하고 국제 표준화된 유럽 선진국의 상세규정(독일 국가표준 및 기술규정 DIN/VDE, 영국 국가표준 BS, 프랑스 국가표준 NFC 등)을 검토하여 국내 실정에 맞게 반영하며 미비 사항은 사실상 표준으로 사용되고 있는 미국의 IEEE, NEC, NESC 등을 참조하여 설계, 시공 및 검사를 위한 시행규정으로서 적합하도록 검토되고 있다.

3. KS C IEC

전기설비기술기준에 도입된 IEC 규격은 용어, 전기설비, 기기·재료, 안전의 원리 등에 관련되는 규격으로 분류되며 이 중에서 전기설비를 구성할 때의 설계 및 시공과 관련된 규격은 다음과 같다.

가) KS C IEC 60364 (건축전기설비)
① 저압(AC 1,000[V] 이하, DC 1,500[V] 이하)의 전기설비를 구성할 때에 설계 및 시공에 관련되는 표준으로서 IEC Technical Committee(TC)64 규격이다.
② 저압의 전기설비를 구성할 때 필요한 사항이 규정되어 있고 기술기준의 규정 전체에 크게 관련되는 전기설비 시스템 규격이기 때문에 전기설비기술기준의 국제화를 위하여 2005. 1. 10에 기술기준으로 도입되었다.

나) KS C IEC 61936 (교류 1[kV] 초과 전력설비)
① AC 1,000[V]를 초과하는 전기설비 시스템에 관한 표준으로서 IEC TC 99 규격이다.
② IEC TC 99에서 1[kV] 초과의 전력시스템 기술과 전력설비의 시설에 대한 검토가 진행되고 있으며 공통규정인 IEC 61936-1 규격이 2002. 10에 제정되었고 IEC 61936-2(송배전), IEC 61936-3 (발전 등)의 규격은 IEC에서 검토 중이다.
③ IEC 61936-1 규격은 교류 1[kV] 초과의 전력설비에 대한 용어정의, 설치환경, 절연, 접지시스템 등 일반원칙에 관한 사항으로 IEC 60364 규격과 연계하여 사용되어야 하므로 전기설비기술기준의 국제화와 관련하여 부합성검토가 진행 중이다.

다) KS C IEC 62305
① 고도의 첨단 정보화 기기의 사용 증가로 낙뢰 및 각종 서지에 의한 피해가 늘어나고 있다. 이로 인해 더욱 향상된 낙뢰보호기술이 제기됨에 따라 세계 각국의 낙뢰분야 전문가들이 수년 동안의 작업을 거쳐 IEC 62305라는 피뢰설비 국제규격을 탄생시켰다. 이것은 낙뢰로 인한 연간 손실액을 위험도와 경제성 평가 후 적정한 보호대책을 선정하여 피해를 최소화하면서 효과적이고 경제적인 피뢰설비를 위한 지침으로 우리나라는 2007년 11월 30일에 KS C IEC 62305로 제정되었다.
② 주요내용
㉮ KS C IEC 62305-1 : 일반 원칙
제1부에서는 다음 설비의 피뢰시스템 시설을 위해 따라야 할 일반원칙에 대해서 기술한다.
• 사람은 물론 설비 및 내용물을 포함하는 구조물
• 구조물에 접속된 인입설비
㉯ KS C IEC 62305-2 : 위험성 관리
제2부에서는 낙뢰에 의한 구조물 또는 인입설비의 위험 요소에 적용할 수 있다. 낙뢰로 인한 위험 요소의 평가 절차를 제공하기 위한 것으로 위험 요소에 대한 상위 허용 한계가 선정되면 이 절차는 위험을 줄이거나 허용 범위 이하로 하기 위한 적절한 보호대책의 선택에 관한 지침이다.

㉰ KS C IEC 62305-3 : 구조물의 물리적 손상 및 인명위험
제3부는 피뢰시스템에 의한 구조물의 물리적 손상의 보호 및 피뢰 시스템 주위의 접촉전압과 보폭전압에 의한 인축의 상해보호에 대한 요건을 제공하며, 본 규격은 다음에 적용할 수 있다.
㉠ 높이의 제한 없이 구조물을 보호하는 피뢰시스템의 설계, 시공, 검사 및 유지관리
㉡ 접촉전압과 보폭전압에 의한 인축의 상해에 대한 보호대책의 확립

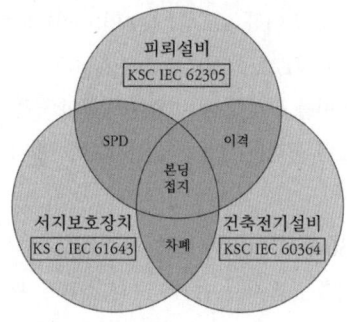

【그림】피뢰설비 관련 규격의 상관성

㉱ KS C IEC 62035-4 : 구조물 내부의 전기전자시스템
제4부에서는 뇌전자 임펄스로 인한 영구적 고장의 위험을 감소시킬 수 있는 구조물 내부의 전기전자시스템에 대한 LEMP 보호 대책시스템(LPMS)의 설계, 시공, 검사, 유지관리와 시험에 관한 정보를 제공한다.

다) 기타 사항
① 국내 기술기준과 IEC 규격의 가장 큰 차이점은 접지방식이 다른 점으로 국내 기술기준에서의 접지방식은 단독 접지방식인 반면 IEC 규격의 접지방식은 TN, TT, IT로 구분하고 있으며 기본적으로 통합접지방식이 사용되고 있다.
② 접지방식과 관련하여 IEC 60364-4-44의 제442항에서 고압계통과 접지 사이의 순시과전압 및 고장에 대한 저압설비의 보호에 관한 수용가 접지방식에 대하여는 상세히 규정하고 있지만 고압·특별고압의 보호접지에 대하여는 언급하고 있지 않다.
③ IEC 61936-1의 제10.2.3항에서 고전압 및 저전압 공통접지계통은 LV 계통이 HV 접지계통의 구역 범위에 완전히 포함되어 있다면 상호 접속하도록 규정하고 있다.
④ 최근 빌딩 구조에서의 접지는 메쉬접지 또는 건축물 구조체 접지방식으로 시설되고 있어 고압특별고압 전기설비의 저압측은 대부분 TN 계통에 유사한 계통이 되므로 감전보호 등전위본딩, 기능접지 등전위본딩, 뇌보호접지 등전위본딩이 공용되어 일체로 되는 등 고압 또는 특별고압 접지와 저압회로의 접지를 공용하는 것에 대한 안전성과 신뢰성을 위하여 실제적이고 합리적인 연구 검토가 필요하다.

PART 02 용어의 정리
③ 송배전 기술용어 해설집

1. 관련직무에 종사자의 업무 및 기술향상을 위해 한국전력공사에서 발간
2. 내용
    가) 전기학술 : 전기일반, 전력계통 기본, 송배전학술, 전력품질
    나) 송전실무 : 송전일반, 가공송전, 지중송전, 절연협조, 유도장해
    다) 변전실무 : 변전일반, 변압기, 개폐장치, 무효전력 보상기, 접지설비, 피뢰기, 계기용 변성장치, 소내전원 설비, 방재설비, 계기 및 시험기
    라) 배전실무 : 가공배전, 지중배전, 배전지능화, 배전계기
    마) 계통보호 실무 : 계통보호 일반, 보호, 응동 및 특성, 구조, 응동기구 및 접점, 계통보호 방식, 계전기 명칭, 재폐로 및 입력, 디지털 보호계전기
    바) 계통계획 및 운영실무 : 계통계획, 계통운영, 전력시장, SCADA 설비
    사) 신기술 : 스마트그리드, 초전도, 신재생에너지, HVDC 및 FACTS 디지털 변전소
    아) 부록편 : 단위, 금속의 물리적 성질, 절연재료의 물리적 성질, 전선표, 자동제어기구번호, 약어설명

PART 02 용어의 정리
4 KECG

1. 개요
기술기준의 필수적인 성능에 대하여 재료, 설계, 시공 및 검사의 기술적 사항을 보완함과 아울러 신기술의 개발, 신제품의 출현 및 사회적 변화에 신속히 적응할 수 있도록 기술기준을 운용하여 안전성 확보에 만전을 기하기 위하여 전기설비기술기준 제1조(목적 등)에서 기술적 사항에 필요한 세부규정 또는 지침을 따로 정하여 운용할 수 있도록 규정하였다.

2. 규정/지침의 운용방안

1) 전기기술규정
- 재료, 설계, 시공 및 검사의 기술적 사항에 대해서 기술기준을 보완함과 아울러 신기술의 개발, 신제품의 출현, 사회적 변화에 적응할 수 있도록 보완한 것으로서 안전성 확보에 만전을 기함과 동시에 공사·유지·검사에 대하여 각각의 내용과 성격에 따라 의무적 사항, 권고적 사항, 추천사항으로 내용을 기술한 문서이다.
- 민간 자율표준으로서 한국전기기술기준위원회에서 승인한다.

2) 전기기술지침
- 향후 개선이 기대되는 신기술과 같이 대체적으로 준수해야 할 사항이지만 그 방법, 시책 등에 대해 바로 규정으로 운용하기에는 이르다고 생각되는 사항에 대하여 기술한 문서로서 처음에는 전기기술지침으로 제정되고 그것이 어느 정도 정착되었다고 판단되면 전기기술규정으로 채택한다.
- 민간 자율표준으로서 한국전기기술기준위원회에서 승인한다.

3. 주요내용

1) 병원전기설비 시설에 관한 기술지침

전기설비기술기준의 판단기준에는 의료장소 전기설비에 대한 규정이 개정되었으나, 의료장소 전기설비 등에 대한 상세 기준의 부족으로 현장적용이 곤란하여 의료장소에서 인체의 안전 확보와 전기설비의 기술적 세부사항을 규정하여 의료장소 전기설비의 합리적인 설계·시공·유지관리에 활용하도록 하였다.

2) 등전위본딩에 관한 기술지침

가) 적용 범위

저압전로에서 감전보호용 등전위본딩, 피뢰용 등전위본딩 및 기능용 등전위본딩을 적절히 이용하여 인체의 감전에 대한 보호, 전기설비의 과전압에 대한 보호 및 기능향상을 도모할 수 있는 등전위본딩의 시설에 적용한다.

나) 지침 본문

저압전로에서 인체의 안전확보와 전기설비를 보호하기 위해 시설하는 등전위본딩에 관한 기술적 세부사항을 규정하여 전기설비의 합리적인 설계·시공·유지관리에 활용될 수 있도록 하는 것이 목적이다.

다) 해설서

등전위본딩의 역할, 등전위본딩의 분류, 감전보호용 등전위본딩, 피뢰용 등전위본딩, 전기전자시스템의 등전위본딩에 대한 해설 및 참고자료 등을 포함한다.

3) 저압전로 지락보호에 관한 기술지침

가) 적용 범위

저압전로(해당전로에 접속하는 이동전선, 전구선 및 전기기계기구를 포함한다. 이하 같다.)에 지락이 생겼을 때 인축의 감전사고, 화재사고 및 전로, 기기, 기타의 손상 등을 방지하기 위한 보호 수단에 대하여 적용한다.

나) 지침 본문

지락보호방식의 종류(보호접지방식, 과전류차단방식, 누전차단방식, 누전경보방식, 절연변압기방식), 접촉상태의 구분 및 접촉상태별 허용접촉전압, 보호방식의 종류에 따른 적용방법, 적용개소 및 시설방법 등을 포함한다.

다) 해설서

지락보호방식의 종류, 허용접촉전압의 산출근거, 저압전로 지락보호의 판단기준, 접촉상태별 지락보호방식의 적용방법, 정격감도전류의 선정방법 등에 대한 해설 및 참고자료 등을 포함한다.

4) 저압전기설비의 SPD 설치에 관한 기술지침

가) 적용 범위
교류 60[Hz]의 정격전압 1,000[V] 또는 직류 1,500[V] 이하의 전원회로의 기기에 접속되는 SPD의 기술적 사항에 대하여 적용한다. 또한, 이 지침은 특수한 용도에 적합한 경우에는 추가적인 요건이 필요할 수 있다.

나) 지침 본문
뇌방전으로 인한 과도과전압 및 개폐과전압으로부터 전기설비와 전기전자시스템을 보호하기 위해 시설하는 서지보호장치(SPD)의 선정, 보호협조, 설치위치의 결정, 설치방법 및 검사에 관한 기술적 사항을 규정하여 전기설비의 합리적인 설계·시공·검사 및 유지관리에 활용되도록 하기 위함이다.

다) 해설서
대기방전 또는 회로의 개폐동작으로 발생하는 과도전압으로부터 전기전자시스템을 보호하기 위해서는 기본적으로 전기적 절연으로 과전압의 침입을 저지하거나 서지보호장치(SPD)를 설치하여 서지전압을 제한하는 방법과 등전위본딩 등의 방법이 일반적으로 적용된다. 해설서에서는 저압 전원계통에 발생하는 과전압으로부터 전기전자시스템을 보호하기 위한 SPD의 시설지침에 대한 기술적 사항을 상세하게 해설한다.

5) 건축전기설비 내진설계 시공 지침서

가) 적용 범위
내진설계대상 건축물에 시설되는 고압 및 특고압의 전기기계기구·모선 등을 시설하는 수전실 등 전기설비의 정착 및 고정을 위한 설계와 시공에 적용한다. 기기본체의 내진성능과 작동성은 기기의 제조업자가 확인한 것으로 가정하여 이에 대한 검토는 이 지침서의 적용대상에서 제외한다.

나) 지침 본문
건축전기설비를 구성하는 기기 및 배관 등이 지진으로 인하여 활동, 전도 또는 낙하되는 것을 방지하기 위하여 시행하는 내진설계 및 시공에 관한 실용적인 방법을 제공하기 위하여 마련되었으며, 외국의 지진피해 사례에서 확인된 바에 의하면, '건축전기설비는 그 구성요소들이 활동, 전도 또는 낙하 등의 사건이 발생되지 않는 한 그 고유의 기능을 유지한다.' 이에 근거하여 이 지침은 전기 및 설비 기술자가 내진설계를 수행하는데 필요한 정보를 간편하게 습득할 수 있도록 한 것이다.

다) 해설서
해설서는 본문의 규정을 적용하는 데 이해를 돕고자 중요사항을 기술한 것으로 지침서의 일부가 아니며, 참고자료 또는 보충자료로만 사용된다.

5 표준전압/전류

1. **공칭전압(Norminal Voltage)**

    그 선로를 대표하는 선간전압(line voltage)을 말하며, 정부가 표준으로 정하여 기준으로 삼는 전압을 말한다. (계통의 송전전압)

2. **정격전압(Rated Voltage)**

    가) 정격 주위온도에서 연속하여 가할 수 있는 직류 및 교류전압의 최대값

    (내선규정 : 전기사용기계기구, 배선기구 등에서 사용상 기준이 되는 전압)

    나) 전기사용 기계, 기구, 배선 기구 등에서 사용상 기준이 되는 전압을 말한다.

    정격전압의 계산 = 공칭전압 $\times \dfrac{1.2}{1.1}$ (최고전압보다 5[%] 높음)

    즉, 전선로상에서의 표기는 공칭전압으로 표기하는 것이 타당하고 차단기, 변압기 등 기계·기구에 표기할 때는 "정격전압"을 표기하는 것이 타당하다. 기계·기구 등은 최고전압보다 5[%] 이상의 여유를 두어 "정격전압"으로 정하는데 이는 이상상태의 최고전압 이상에서도 차단기, 변압기 등 기계·기구가 정상적으로 동작하여야 한다는 것을 의미한다.

    전력퓨즈의 정격전압은 선로의 계통이 접지, 비접지에 무관하고 계통 최대선간전압에 의해 선정하게 되어 있다.

    【표】

공칭전압[kV]	최고전압[kV]	정격전압[kV]	비고
154	161	170	
66	69	72.5	
22.9	23.8	25.8	IEC-38
6.6	6.9	7.2	
3.3	3.4	3.6	

3. **표준전압(Standard Voltage)** = "공칭전압"과 "최고전압"을 말한다.

4. **기준전압** = $\dfrac{공칭전압}{1.1}$

    (1.1로 나누는 이유 : 표준 전압강하율을 10[%]로 하기 때문)

5 표준전압/전류

5. 최고전압(Maximum Voltage)

$$최고전압 = 기준전압 \times 15[\%]$$
$$= \frac{공칭전압}{1.1} \times 1.15(15[\%])$$

그 전선로에 통상 발생하는 최고의 선간 전압으로서 염해 대책, 1선지락 고장 시 등 내부이상전압, 코로나 장해, 정전유도 등을 고려할 때의 표준이 되는 전압이다.

6. 접촉전압

지락으로 기계·기구 등의 외함에 인축이 닿았을 때 생체에 가해지는 전압이다.

7. 최대사용전압

보통의 사용 상태에서 그 회로에 가하여지는 선간전압의 최대치를 말하며, 계통최고전압을 의미한다.

8. 대지전압

접지식 전로에서는 전선과 대지 사이의 전압을 말하고, 또 비접지식 전로에서는 전선과 그 전로 중 임의의 다른 전선 사이의 전압을 말한다.

9. 정격전류(Rated Current)

차단기의 정격전류란 정격전압 및 정격주파수, 규정한 온도상승 한도를 초과하지 않는 상태에서 연속적으로 통할 수 있는 전류의 한도를 말하며 KS 및 ESB(Electrical Standard Board)에 의한 정격전류는 각각 다음과 같다.

    가) KS : 200[A], 400[A], 600[A], 1,200[A], 2,000[A]

    나) ESB : 600[A], 1,200[A], 2,000[A], 3,000[A], 4,000[A]

10. 단시간전류(Short-time Current)

차단기의 단시간전류란 규정조건에서 규약시간 차단기의 각 극에 흐르게 할수 있는 전류의 한도를 말하며, 정격단시간전류란 그 전류를 규정한 회로 조건에서 규정시간 동안 차단기에 통하여도 이상이 없는 전류를 말한다.

차단기의 정격단시간 전류는 이 전류를 1초간 차단기에 흘렸을 때 이상이 발생하지 않는 전류의 최대한도이고 차단기의 정격차단전류와 같은 값(실효치)으로 하며 최대 파고치는 정격치의 2.5배로 한다.

11. 투입전류(Making Current)

투입전류란 차단기의 투입시간에 그 각 극에 흐르는 전류를 말하며 최초주파수에 있어서 최대치로 표시하고 3상 시험에 있어서는 각 상의 최대의 것을 말한다.

12. 정격투입전류

정격투입전류는 모든 정격 및 규정의 회로조건하에서 규정의 표준동작책무 및 동작 상태에 따라 투입할 수 있는 투입전류의 한도이며 투입전류의 최고주파에서의 순시치의 최대치로 표시한다. 크기는 정격차단전류(실효치)의 2.5배를 표준으로 한다.

13. 차단전류(Braking Current / Interrupting Current)

차단전류란 차단기의 차단순시에 각 극에 흐르는 전류를 말하며 발호 순간의 대칭차단전류 및 백분율 직류분으로 나타내고, 3상 시험일 경우는 대칭차단전류는 3상의 평균치, 백분율 직류분은 3상중의 최대치를 말한다. 그 차단기의 차단전류중의 교류분을 대칭차단전류라 한다.

14. 정격차단전류

정격차단전류란 정격전압, 정격주파수 및 규정한 회로조건에서 규정한 표준동작 책무와 동작상태에 따라 차단할 수 있는 지상역률의 차단전류의 한도를 말하며 교류분의 실효치로 표시한다.

15. Trip 전류

Trip 전류란 Trip 장치가 동작하여 차단기가 Trip하는 데 필요한 전류를 말하며 정격 Trip 전류란 Trip 장치의 설계표준 전류치(실효치)를 말한다.

과전류 Trip 방식의 정격 Trip 전류는 상시여자방식일 때 5[A], 순시여자방식일 때에는 3[A]로 한다.

MEMO

• 배울학 건축전기설비기술사 Level Zero

PART 03
전기설비총론

01 건축전기설비의 분류 및 기능

02 수전 및 계통 연계

03 건축전기설비의 역할(쾌적성, 편리성, 안전성)

04 설계방향 및 설계단계 성과물

PART 03 전기설비총론

① 건축전기설비의 분류 및 기능

1. 전원설비
수배전설비, 예비전원설비수전설비, 변전설비, 예비발전설비, UPS 등으로 구성된다.

2. 배전설비
전원설비로부터의 전력을 부하설비로 공급하는 설비로서 주로 간선 및 분기설비가 이에 해당된다.
(플로어덕트, 버스덕트, 케이블랙설비 등)

3. 전력부하설비
가) 조명설비 : 일반조명용 전등, 외등, 비상조명

나) 동력설비 : 공기조화, 급배수, 위생, 엘리베이터설비

다) 전열설비 : 일반콘센트, 비상콘센트

라) 비상동력 : 비상엘리베이터, 배연팬, 소화펌프 등

4. 반송설비
엘리베이터, 에스컬레이터, 덤웨이터, 컨베이어 및 Air Chute, 곤도라 등의 설비를 말한다.

5. 정보통신설비
가) 확성설비 나) 전화설비 다) 표시설비

라) 전기시계 마) TV 공청안테나 설비 바) New Media 정보설비 등으로 구성된다.

6. 방재설비
건축물에서 발생하는 화재, 재난을 예방 또는 방지하는 설비이다.

가) 자동화재탐지설비 나) 피뢰침설비

다) 방범설비 라) 항공장애등설비 등

7. 감시제어설비
전원설비, 전력부하설비, 전력공급설비 전반을 감시하고 제어하는 설비로서, 중앙 집중감시, 분산제어감시 System이 있으며, 최근에는 Computer를 이용한 감시제어 System이 적용되고 있다.

② 수전 및 계통 연계

PART 03 전기설비총론

1. 수전전압 및 수전방식

전력회사로부터 전력을 공급받을 경우에는 수용가의 사용전력을 추정, 계산한 후 용량의 크기에 따라 다음과 같이 저압, 고압 또는 특별고압으로 수전한다.

가) 수전전압

한국전력공사의 공급규정에 의하면 계약전력의 크기에 따라서 전압의 등급이 달라지며 다음과 같이 정하고 있다. (전기 공급규정 제23조)

【표 1】 계약전력과 수전전압

계약전력	공급방식 및 공급전압
500[kW] 미만	교류 단상 220[V] 또는 교류 삼상 380[V] 중 한전이 적당하다고 결정한 한 가지 공급방식 및 공급전압
500[kW] 이상 10,000[kW] 이하	교류 삼상 22,900[V]
10,000[kW] 이상 400,000[kW] 이하	교류 삼상 154,000[V]
400,000[kW] 초과	교류 삼상 345,000[V] 이상

① 신설 또는 증설 후 계약전력이 40,000[kW] 이하의 고객에 대해서는 한전변전소의 공급능력에 여유가 있고 전력계통의 보호협조, 선로구성 및 계량방법에 문제가 없는 경우 22,900[V]로 공급할 수 있다.

② 신설 또는 증설 후의 계약전력이 400,000[kW]를 초과하는 고객에 대해서는 전력계통의 공급능력에 여유가 있고 전력계통의 보호협조, 선로구성 및 계량방법에 문제가 없는 경우 154,000[V]로 공급할 수 있다.

③ 제1항에 따라 고압 이상의 전압으로 공급받아야 하는 아파트고객이 저압공급을 희망하고 개폐기·변압기 등 한전의 공급설비 설치장소를 무상으로 제공할 경우

④ 해당 지역의 전기공급상황에 따라 변전소 건설이 필요한 지역에서 고객이 변전소 건설장소를 제공할 경우에는 제1항에 불구하고 고객이 희망하는 특별고압 중 1전압으로 공급할 수 있다.

⑤ 한전공급설비 설치공간 확보, 제공

㉮ 건축법시행령 제87조 제6항에 따라 연면적이 500[m^2] 이상인 건축물의 대지에는 "건축물의 설비기준 등에 관한 규칙"이 정하는 바에 따라 한전이 전기를 배전하는 데 필요한 전기설비를 설치할 수 있는 공간을 확보, 제공하여야 한다.

② 수전 및 계통 연계   PART 03 전기설비총론

【표 2】 전력수전용량별 전기설비 설치공간

수전전압	전력수전용량	확보크기[m]
특고압·고압	100[kW] 이상	2.8 × 2.8
저압	75[kW] 이상 ~ 150[kW] 미만	2.5 × 2.8
	150[kW] 이상 ~ 200[kW] 미만	2.8 × 2.8
	200[kW] 이상 ~ 300[kW] 미만	2.8 × 4.6
	300[kW] 이상	2.8 이상 × 4.6 이상

㉴ 고압 이상의 전기를 지중으로 공급받는 고객은 한전의 공급설비 설치장소를 제공해야 한다.

㉵ 아파트 등 공동주택 고객은 기술적 또는 기타 사유로 부득이 한 경우 전기사용장소 내에 한전의 공급설비 설치장소를 제공해야 한다.

㉶ 제1항부터 제3항까지의 경우 한전의 공급설비 설치장소는 고객과 협의하여 결정한다.

나) 수전방식

전력회사로부터 건축물에 공급받는 수전전압은 220[V], 380[V]의 저압이거나 22.9[kV], 154[kV], 345[kV] 등 특고압 중 하나가 되며 저압일 경우 1회선 수전방식을 사용하지만 고압 이상에서는 1회선 수전을 비롯하여 2회선 수전(최근 많이 사용), 루프 수전방식 및 스폿네트워크 수전방식 등이 있다.

① 1회선 수전방식

  ㉮ 간단하고 경제적이다.
  ㉯ 송전선 사고 시에 정전이 발생하며 복구시간은 송전선 복구시간과 동일하다.

② 2회선 수전방식

  ㉮ 동일 계통 상용·예비선 수전 방식
   ⓐ 한쪽 배전선 사고 시 예비회선으로 수전 가능하다.
   ⓑ 배전선 보수 시에도 한쪽씩 정전하기 때문에 무정전점검이 가능하다.
   ⓒ 보호계전방식이 복잡하다.
  ㉯ 다른 계통 상용·예비선 수전방식
   ⓐ 한쪽 배전선 또는 변전소 사고 시에 일단 정전이 발생하지만 예비회선을 이용하여 정전시간 단축이 가능하다.
   ⓑ 수전회선 변경 시 정전발생(무정전 필요 시 ALTS 필요)

③ 루프 수전방식

  ㉮ 임의의 배전선 또는 타 수용가 사고 시 Loop만 개로 무정전 공급 가능하다.
  ㉯ 배전선 보수 시에도 한쪽씩 정전하기 때문에 무정전 점검이 가능하다.
  ㉰ 배전 손실이 작다.

④ 스폿네트워크 수전방식

스폿네트워크 수전방식은 지중화 지역 또는 예정지역에 22.9[kV] 스폿네트워크용 전력공급설비 시설이 가능하다고 한전이 선정한 지역에 설치 가능한 수전방식으로 전력회사로부터 2회선 이상을 수전하여 상시 병렬운전하는 무정전 공급이 가능한 수전방식이다.

㉮ 배전선 1회선 또는 변압기 뱅크의 사고 시 무정전이며, 공급제한이 불필요하다.
㉯ 배전선 보수 시에도 한 회선만 정전하기 때문에 정전이나 부하제한이 불필요하다.
㉰ 송전 정지 또는 복구 시에도 변압기의 2차측 차단기의 개방 또는 투입을 자동으로 할 수 있다.
㉱ 변압기 용량과 차단기의 정격

ⓐ Tr 용량 $= \dfrac{최대수용전력[kVA]}{(회선수-1)} \times \dfrac{100}{130} [kVA]$

ⓑ 차단기 정격 $= \dfrac{Tr \text{용량}[kVA] \times 1.3}{\sqrt{3} \times kV} [kA]$

㉲ 보호장치 전량수입 및 국내 도입 실적이 작다.

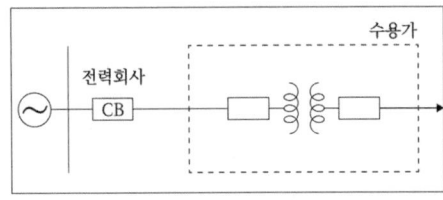

【그림 1】 1회선 수전방식

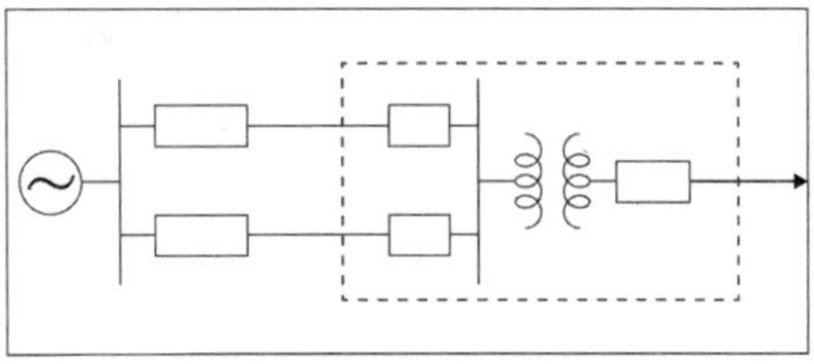

【그림 2】 동일 계통 상용·예비선 수전방식

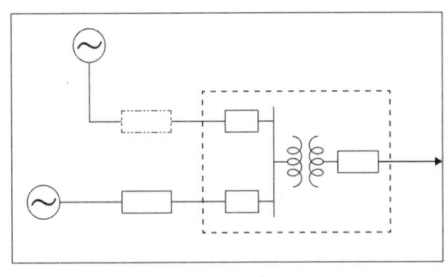

【그림 3】 다른 계통 상용·예비선 수전방식

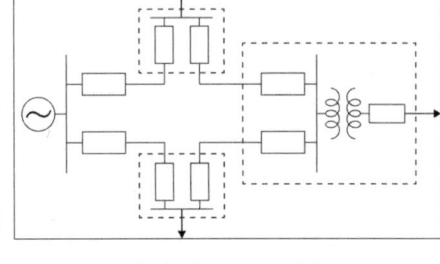

【그림 4】 Loop 수전방식

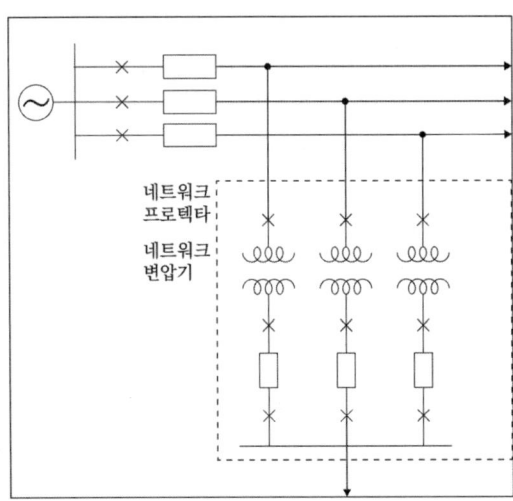

【그림 5】 스폿네트워크 수전방식

2. 계통연계

가) 목적

기술기준은, 분산형전원(태양광발전설비, 풍력발전설비, 연료전지발전설비, 열병합발전설비 등)이 기존의 전력계통에 연계되어 운전될 경우, 원만하고 효율적인 계통연계운전실현을 위해서 갖추어야 할 최소한의 표준적인 기술기준으로서,

① 기존의 전력품질(전압, 주파수, 고조파, 역률 등)과 공급신뢰도(정정 시간 및 정전 횟수)의 유지 및 향상
② 공중 및 작업자의 안전 확보와 전력공급설비 또는 타전기수용가의 설비보전
③ 불필요한 기동정지를 하지 않고 전력계통과 협조 운전할 수 있는 안정성 확보를 달성하는 데 그 목적이 있다.

나) 연계 요건 및 연계의 구분

【표 3】연계용량과 누적연계용량

연계용량	누적연계용량(변압기, 선로)

저압
100[kW] 미만
(1φ220[V], 3φ380[V])
	① 주변압기 용량의 50[%] 이하(전선허용전류 초과금지)
	② 배전용변압기 용량의 25[%] 이하
	  ㉮ 간소검토 : 해당 변압기 용량의 25[%] 이하
	  ㉯ 연계용량평가 : 해당 변압기 용량의 25[%] 초과 시
	③ 배전용변압기 용량의 25[%] 초과 시 또는 기술적 요건 부적합 시 저압전용선로로 연계

특고압
100[kW] 이상 ~
10[MW] 이하
(3φ22.9[kV])
	① 해당 선로 상시운전용량 이하로 특고압 계통에 연계(특고압전선허용전류 이하)
	  ㉮ 간소검토 : 해당 주변압기 또는 해당 선로용량의 15[%] 이하
	  ㉯ 연계용량평가 : 해당 주변압기 또는 해당 선로용량의 15[%] 초과
	② 분산전원 연계로 기술요건을 만족하지 못하는 경우, 특고압전용선로로 연계(기술적 문제 보완대책, 선로보강 등 합의가 있는 경우 제외)

10[MW] 초과 (3φ22.9[kV])	① 연계용량이 10[MW] 초과 시 또는 누적연계용량이 해당 선로 상시운전 용량 초과의 경우, 특고압전용선로로 연계 ② 연계용량 10[MW] 초과 ~ 20[MW] 미만의 경우, 접속설비는 대용량 배전방식에 의해 연계함을 원칙으로 한다.

다) 분산형전원 배전계통 연계기술 기준
① 전기방식

분산형전원의 전기방식은 연계하고자 하는 계통의 전기방식과 동일하게 함을 원칙으로 한다.

【표 4】 연계계통의 전기방식

구 분	연계계통의 전기방식
저압 한전계통 연계	교류 단상 220[V] 또는 교류 삼상 380[V] 중 기술적으로 타당하다고 한전이 정한 한 가지 전기방식
특고압 한전계통 연계	교류 삼상 22,900[V]

② 한전계통 접지와의 협조

분산형전원 연계 시 그 접지방식은 해당 한전계통에 연결되어있는 타 설비의 정격을 초과하는 과전압을 유발하거나 한전계통의 지락 고장 보호협조를 방해해서는 안 된다.

③ 동기화(동기화 변수범위, 아래값 유지)

【표 5】 분산형전원 동기화 범위

분산형전원 정격용량 합계(kW)	주파수 차 ($\triangle f$, Hz)	전압 차 ($\triangle V$, %)	위상각 차 ($\triangle \phi$, °)
0 ~ 500	0.3	10	20
500 초과 ~ 1,500	0.2	5	15
1,500 초과 ~ 20,000 미만	0.1	3	10

④ 비의도적인 한전계통 가압

분산형전원은 한전계통이 가압되어 있지 않을 때 한전계통을 가압해서는 안 된다.

⑤ 감시설비

분산형전원 용량 합계 250[kW] 이상일 경우, 분산형전원 설치자는 연결점에서 연결 상태, 유무효 전력 출력, 운전역률 및 전압 등의 전력품질 감시 제어장치를 설치해야 한다.

⑥ 분리장치

㉮ 접속점에는 접근이 용이하고 잠금이 가능하며 개방상태를 육안으로 확인할 수 있는 분리장치를 설치하여야 한다.

㉯ 특고압 한전계통에 연계되는 경우 제1항에 의한 분리장치는 연계용량에 관계없이 전압·전류 감시 기능, 고장표시(FI, Fault Indication) 기능 등을 구비한 자동개폐기를 설치하여야 한다.

⑦ 연계 시스템의 건전성

㉮ 전자기 장해로부터의 보호

연계 시스템은 전자기 장해 환경에 견딜 수 있어야 하며, 전자기 장해의 영향으로 인하여 연계 시스템이 오동작하거나 그 상태가 변화되어서는 안 된다.

㉯ 내서지 성능

연계 시스템은 서지를 견딜 수 있는 능력을 갖추어야 한다.

⑧ 한전계통 이상 시 분산형전원 분리 및 재병입
  ㉮ 한전계통의 고장
    분산형전원은 연계된 한전계통 선로의 고장 시 해당 한전계통에 대한 가압을 즉시 중지하여야 한다.
  ㉯ 한전계통 재폐로와의 협조
    제1항에 의한 분산형전원 분리시점은 해당 한전계통의 재폐로 시점 이전이어야 한다.
  ㉰ 전압
    ⓐ 연계 시스템의 보호 장치는 각 선간전압의 실효값 또는 기본파 값을 감지해야 한다.
      변압기가 Y-Y결선 접지방식 또는 단상 변압기의 경우 상전압을 감지한다.
    ⓑ 제1호의 전압 중 어느 값이나 아래 표와 같은 비정상 범위 내에 있을 경우 분산형전원은 해당 분리시간 (clearing time) 내에 한전 계통에 대한 가압을 중지하여야 한다.
    ⓒ 다음 각 목의 하나에 해당하는 경우에는 분산형전원 연결점에서 제1호에 의한 전압을 검출할 수 있다.
      • 하나의 구내계통에서 분산형전원 용량의 총합이 30[kW] 이하인 경우
      • 연계 시스템 설비가 단독운전 방지시험을 통과한 것으로 확인될 경우
      • 분산형전원 용량의 총합이 구내계통의 15분간 최대수요전력 연간 최소값의 50[%] 미만이고, 한전계통으로의 유·무효전력 역송이 허용되지 않는 경우

【표 6】 비정상 전압에 대한 분산형전원 분리시간

전압 범위[주2] (기준전압[주1]에 대한 백분율[%])	분리시간[주2] [초]
V < 50	0.16
50 ≦ V < 88	2.00
110 < V < 120	1.00
V ≧ 120	0.16

[주]
1) 기준전압은 계통의 공칭전압을 말한다.
2) 분리시간이란 비정상 상태의 시작부터 분산형전원의 계통가압 중지까지의 시간을 말한다. 최대용량 30[kW] 이하의 분산형전원에 대해서는 전압 범위 및 분리시간 정정치가 고정되어 있어도 무방하나, 30[kW]를 초과하는 분산형전원에 대해서는 전압 범위 정정치를 현장에서 조정할 수 있어야 한다. 상기 표의 분리시간은 분산형전원 용량이 30[kW] 이하일 경우에는 분리시간 정정치의 최대값을, 30[kW]를 초과할 경우에는 분리시간 정정치의 초기값(default)을 나타낸다.

㉴ 주파수

계통 주파수가 표와 같은 비정상 범위 내에 있을 경우 분산형전원은 해당 분리시간 내에 한전계통에 대한 가압을 중지하여야 한다.

【표 7】 비정상 주파수에 대한 분산형전원 분리시간

분산형전원 용량	주파수 범위 [Hz]	분리시간 [초]
30[kW] 이하	> 60.5	0.16
	< 59.3	0.16
30[kW] 초과	> 60.5	0.16
	< {57.0 ~ 59.8} (조정 가능)	{0.16 ~ 300} (조정 가능)
	< 57.0	0.16

㉵ 한전계통에의 재병입
 ⓐ 한전계통에서 이상 발생 후 해당 한전계통의 전압 및 주파수가 정상 범위 내에 들어올 때까지 분산형전원의 재병입이 발생해서는 안 된다.
 ⓑ 분산형전원 연계 시스템은 안정상태의 한전계통 전압 및 주파수가 정상 범위로 복원된 후 그 범위 내에서 5분간 유지되지 않는 한 분산형전원의 재병입이 발생하지 않도록 하는 지연기능을 갖추어야 한다.

㉶ 분산형전원 이상 시 보호협조
 ⓐ 분산형전원의 이상 또는 고장 시 이로 인한 영향이 연계된 한전 계통으로 파급되지 않도록 분산형전원을 해당 계통과 신속히 분리하기 위한 보호협조를 실시하여야 한다.
 ⓑ 분산형전원 연계 시스템의 보호도면과 제어도면은 사전에 반드시 한전과 협의하여야 한다.

㉷ 전기품질
 ⓐ 직류 유입 제한
  분산형전원 및 그 연계 시스템은 분산형전원 연결점에서 최대 정격 출력전류의 0.5%를 초과하는 직류 전류를 계통으로 유입시켜서는 안 된다.
 ⓑ 역률
  • 분산형전원의 역률은 90[%] 이상으로 유지함을 원칙으로 한다.
  • 분산형전원의 역률은 계통측에서 볼 때 진상역률(분산형전원측에서 볼 때 지상역률)이 되지 않도록 함을 원칙으로 한다.

㉸ 플리커(flicker)
분산형전원은 빈번한 기동·탈락 또는 출력변동 등에 의하여 한전계통에 연결된 다른 전기사용자에게 시각적인 자극을 줄만한 플리커나 설비의 오동작을 초래하는 전압요동을 발생시켜서는 안 된다.

㉹ 고조파
특고압 한전계통에 연계되는 분산형전원은 연계용량에 관계없이 한전이 계통에 적용하고 있는 「배전계통 고조파 관리기준」에 준하는 허용기준을 초과하는 고조파 전류를 발생시켜서는 안 된다.

㋧ 순시전압변동
  ⓐ 특고압 계통의 경우(순시전압변동률 허용기준)

  【표 8】 순시전압변동률 허용기준

변동빈도	순시전압변동률
1시간에 2회 초과 10회 이하	3[%]
1일 4회 초과 1시간에 2회 이하	4[%]
1일에 4회 이하	5[%]

  ⓑ 저압계통의 경우, 계통 병입 시 돌입전류를 필요로 하는 발전원에 대해서 계통 병입에 의한 순시전압변동률이 6%를 초과하지 않아야 한다.
  ⓒ 분산형전원의 연계로 인한 계통의 순시전압변동이 ㉮, ㉯에서 정한 범위를 벗어날 경우에는 해당 분산형전원 설치자가 출력변동 억제, 기동·탈락 빈도 저감, 돌입전류 억제 등 순시전압변동을 저감하기 위한 대책을 실시한다.
  ⓓ ⓒ항에 의한 대책으로도 ⓐ 및 ⓑ항의 순시전압변동 범위 유지가 불가할 경우에는 다음 각 호의 하나에 따른다.
   • 계통용량 증설 또는 전용선로로 연계
   • 상위전압의 계통에 연계

㉮ 단독운전
 연계된 계통의 고장이나 작업 등으로 인해 분산형전원이 공통 연결점을 통해 한전계통의 일부를 가압하는 단독운전 상태가 발생할 경우 해당 분산형전원 연계 시스템은 이를 감지하여 단독운전 발생 후 최대 0.5초 이내에 한전계통에 대한 가압을 중지해야 한다.

㉯ 보호장치 설치
  ⓐ 분산형전원 설치자는 고장 발생 시 자동적으로 계통과의 연계를 분리할 수 있도록 다음의 보호계전기 또는 동등 이상의 기능 및 성능을 가진 보호장치를 설치하여야 한다.
   • 계통 또는 분산형전원 측의 단락·지락고장 시 보호를 위한 보호장치를 설치한다.
   • 적정한 전압과 주파수를 벗어난 운전을 방지하기 위하여 과·저전압 계전기, 과·저주파수 계전기를 설치한다.
   • 단순병렬 분산형전원의 경우에는 역전력 계전기를 설치한다.
  ⓑ 역송병렬 분산형전원의 경우에는 단독운전 방지기능에 의해 자동적으로 연계를 차단하는 장치를 설치하여야 한다.
  ⓒ 인버터를 사용하는 저압계통 연계 분산형전원의 경우 그 인버터를 포함한 연계 시스템에 ㉮항 또는 ㉯항에 준하는 보호기능이 내장되어 있을 때에는 별도의 보호장치 설치를 생략할 수 있다.
  ⓓ 분산형전원의 특고압 연계 또는 전용변압기를 통한 저압 연계의 경우, 보호장치 설치에 관한 세부사항은 한전이 계통에 적용하고 있는 "계통보호업무처리지침" 또는 "계통보호업무편람"의 발전기 병렬운전 연계 선로 보호업무 기준 등에 따른다.
  ⓔ 보호장치는 접속점에서 전기적으로 가장 가까운 구내계통 내 차단장치 설치점(보호배전반)에 설치함을 원칙으로 하되, 해당 지점에서 고장검출이 기술적으로 불가한 경우에 한하여 고장검출이 가능한 다른 지점에 설치할 수 있다.

㉤ 변압기

직류발전원을 이용한 분산형전원 설치자는 인버터로부터 직류가 계통으로 유입되는 것을 방지하기 위하여 연계 시스템에 상용주파 변압기를 설치하여야 한다. 단, 다음 조건을 모두 만족시키는 경우에는 상용주파 변압기의 설치를 생략할 수 있다.
ⓐ 직류회로가 비접지인 경우 또는 고주파 변압기를 사용하는 경우
ⓑ 교류출력 측에 직류 검출기를 구비하고 직류 검출 시에 교류출력을 정지하는 기능을 갖춘 경우

라) 평가사항

① 한전계통 전압의 조정

㉮ 분산형전원이 계통에 영향을 미쳐 다른 구내계통에 대한 한전계통의 공급전압이 전기사업법 제18조 및 동법 시행규칙 제18조에서 정한 표준전압 및 허용오차의 범위를 벗어나게 하여서는 안 된다.

㉯ 분산형전원으로 인하여 제1항의 기술요건을 만족하지 못하는 경우 연계용량이 제한될 수 있다.

㉰ 한전은 제1항의 기술요건을 만족시키기 위해 분산형전원 사업자와의 협의를 통해 분산형전원의 운전역률 혹은 유효전력, 무효전력 등을 제어할 수 있고, 적정 전압 유지범위를 이탈할 경우 분산형전원을 계통에서 분리시킬 수 있다.

㉱ 원칙적으로 분산형전원은 계통의 전압을 능동적으로 조정하여서는 안 된다.

② 저압계통 상시전압변동

㉮ 저압 일반선로에서 분산형전원의 상시 전압변동률은 3%를 초과하지 않아야 한다.

㉯ 분산형전원의 연계로 인한 계통의 전압변동이 ㉮항에서 정한 범위를 벗어날 우려가 있는 경우에는 해당 분산형전원 설치자가 한전과 협의하여 전압변동을 저감하기 위한 대책을 실시한다.

㉰ ㉯항에 의한 대책으로도 제1항의 전압변동 범위 유지가 불가할 경우에는 다음 각 호의 하나에 따른다.
• 계통용량 증설 또는 전용선로로 연계
• 상위전압의 계통에 연계

㉱ 역송병렬 분산형전원 연계 시 저압 계통의 상시전압이 전기사업법 제18조 및 동법 시행규칙 제18조에서 정한 허용범위를 벗어날 우려가 있을 경우에는 전용변압기를 통하여 계통에 연계하며, 이때 역송전력을 발생시키는 분산형전원의 최대용량은 변압기 용량을 초과하지 않도록 한다.

③ 특고압계통 상시전압변동

㉮ 특고압 일반선로에서 분산형전원의 연계로 인한 상시전압변동률은 각 분산형전원 연계점에서의 전압 상한여유도 및 하한 여유도를 각각 초과하지 않아야 한다.

㉯ 분산형전원의 연계로 인한 계통의 전압변동이 ㉮항에서 정한 범위를 벗어날 우려가 있는 경우에는 해당 분산형전원 설치자가 한전과 협의하여 전압변동을 저감하기 위한 대책을 실시한다.

㉰ ㉯항에 의한 대책으로도 ㉮항의 전압변동 범위 유지가 불가할 경우에는 다음 각 호의 하나에 따른다.
• 계통용량 증설 또는 전용선로로 연계
• 상위전압의 계통에 연계

㉣ 특고압 계통에 연계된 분산형전원의 출력변동으로 인하여 주변압기 송출전압을 조정하는 자동전압조정장치의 운전을 방해하여 주변압기 OLTC의 불필요한 동작 및 빈번한 동작을 야기해서는 안 된다.

④ **단락용량**
  ㉮ 분산형전원 연계에 의해 계통의 단락용량이 다른 분산형전원 설치자 또는 전기사용자의 차단기 차단용량 등을 상회할 우려가 있을 때에는 해당 분산형전원 설치자가 한류리액터 등 단락전류를 제한하는 설비를 설치한다.
  ㉯ ㉮항에 의한 대책으로도 대응할 수 없는 경우에는 다음 각 호의 하나에 따른다.
  ⓐ 특고압 연계의 경우, 다른 배전용 변전소 뱅크의 계통에 연계
  ⓑ 저압 연계의 경우, 전용변압기를 통하여 연계
  ⓒ 상위전압의 계통에 연계
  ⓓ 기타 단락용량 대책 강구

3 건축전기설비의 역할 (쾌적성, 편리성, 안전성)

1. 쾌적성

가) 건축공간에서 인간의 감각에 직접 작용하는 기본적인 요소는 공기 · 광 · 음 환경 등이며, 이들 환경 중 부적당한 것이 있으면 거주자에게 불쾌감을 주어 업무능률 저하 등을 초래하므로 공기 환경, 광 환경, 음 환경 면에서 쾌적한 환경을 조성해야 한다.

나) 공기 환경은 온도, 습도의 균일성과 공기의 청정도로서 일반적으로 건축기 계설비의 역할이며, 건축전기설비는 건축기계설비에 전력의 공급과 제어를 시행한다.

다) 광 환경은 건물 내·외부의 조명설비로서 건축물의 기능에 따라 명시적 광 환경과 분위기적 광 환경으로 구분하며, 에너지절약적인 광 환경으로서 주간에는 주광과의 조화를 고려하는 것으로 하여야 한다.

라) 음 환경은 건축물 내부에서의 업무와 휴식에 맞는 소음차단 대책이며, 건축물 외부소음의 내부전달방지, 건축전기설비에 의한 발생소음을 차단하는 것으로서 종합적인 대책을 강구하여야 한다.

2. 편리성

가) 건축물의 중요 요소 중 하나는 거주자를 안락하고 편리하게 하는 것으로 내부동선을 단축하는 것과 건물 내 · 외부에서 발생하는 각종 정보가 빠르게 전달될 수 있도록 하여야 한다.

나) 거주자의 동선 단축은 행동시간 단축의 반송설비와 작업성 향상에 기여하기 위하여 콘센트의 적정배치 등을 고려해야 한다.

다) 정보전달은 주로 약전설비(구내통신설비 포함)가 해당되며 이들 설비는 음성정보 전달을 위한 전화설비, 데이터 송수신 및 멀티미디어 서비스가 가능토록 하는 구내정보통신설비, 인터폰설비, 관리자와 거주자간의 정보 전달용인 방송설비, 시각적 정보전달 요소인 전기시계 등의 각종 표시설비, 업무처리를 지원하는 사무자동화설비 통합감시제어 등을 시행한다.

3. 안전성

가) 건축물에 거주하는 인명, 재산 및 건축물 자체를 보호하고 건축전기설비의 운전신뢰도를 향상시키도록 하여야 한다.

나) 인명 및 재산을 보호하는 설비로서는 낙뢰로부터 보호하는 피뢰설비, 범죄로부터 보호하는 방범설비, 화재로부터 보호하는 비상경보설비와 자동 화재탐지설비 등을 설치한다.

다) 신뢰성을 향상시키는 설비로서는 배전계통의 보호설비, 감시제어설비 등을 설치한다.

PART 03 전기설비총론
4 설계방향 및 설계단계 성과물

1. 기본개념

가) 현대 건축물은 거주라는 단순한 목적으로는 그 기능을 충분히 발휘하기에는 곤란하며 여러 가지 요소의 기능을 갖는 설비를 포함함으로써 목적을 달성토록 한다.

나) 건축물의 기능 자체가 공간적인 형태나 구조를 넘어서 쾌적한 환경을 창조하는 것이며, 거주자의 편리성과 능률향상을 도모하는 방향으로 진행되므로 건축전기설비 계획은 건축물의 설비로서의 목적과 동시에 모든 기능 및 환경창조의 중요성을 인식해야 하며 사회적 요구의 수용과 재난에 대한 대책을 시행해야 한다.

다) 건축전기설비는 건축물 구내의 환경뿐만 아니라 에너지와 정보의 도입에서 폐기물의 배출까지 도시설비(Infra Structure)와 밀접한 관계가 있으므로 이에 대한 사항까지 설계범위에 포함한다.

라) 건축전기설비가 건축물을 인위적으로 이상적인 환경을 조성하며 또한 유지 관리하는 기술(Engineering)을 전제한다면, 그 설비 내용은 적합성, 안전성, 관리성, 경제성과 같은 요소를 고려해야만 한다.

① 적합성

적합성은 건축전기설비에 의한 건축공간의 쾌적성과 편리성 추구에 대한 설계로 이루어져야 하며 건축물의 목적에 일치해야 한다.

② 안전성

안전성은 건축물내의 사람과 재산에 대한 안전성과 건축전기설비 자체에 대한 안정성을 포함하여 고려해야 한다.

③ 관리성

건축전기설비는 효율적인 기능발휘를 위해 적절한 관리가 필요하다. 이러한 관리는 적합성과 안전성의 추구에 의해 반영되지만 시스템의 선정에 있어서는 사용자 입장에서 설비를 생각하고 관리에 편리하도록 하여야 하며 사용실적, 유지보수, 수명을 고려해야 한다.

④ 경제성

경제성은 설치까지의 비용인 설비비, 그리고 관리, 유지, 보수에 따른 운전비가 중요 요소이고, 설비비는 적합성, 안전성에 따른 요소를 고려하여 경제적인 균형이 이루어져야 한다.

2. 일반사항

설계단계는 일반적으로 계획단계와 기본설계 및 실시설계를 시행하는 설계 단계로 구분되며 설계 단계(순서)는 다음을 참조하여 진행한다.

【표 1】

계 획	기 본 구 상 ⇩ 기 본 계 획	• 여러 조건의 정리 • 설계조건의 설정 • 설비등급 결정 • 계획(안) 작성
설 계	⇩ 기 본 설 계 ⇩ 실 시 설 계	• 기본설계도서의 작성 • 개략공사비의 파악 • 실시설계도서의 작성 • 공사비의 적산

3. 기본계획

가) 건축물의 명칭, 용도, 규모 등 건축설계의 요청에 따라 여러 조건을 정리하여 설계조건을 설정하고, 기본계획을 연구한다.

나) 건축전기설비의 종류 및 방식을 선정해 건축설계 초안 작성 이전에 건축전기설비공사비의 면적당 개략 값을 건축 설계자에게 제시한다.

다) 건축초안을 기본으로 연면적, 업무내용, 공기조화방식 등에서 중요 건축전기설비 기기의 추정용량을 산출한다.

4 설계방향 및 설계단계 성과물 PART 03 전기설비총론

4. 기본설계

가) 기본설계란 기본계획으로 완성된 건축물의 개요(용도, 구조, 규모, 형상 등) 구조계획 등을 설비기능 면에서 재검토하는 것이다. 평면계획이 정해질 때는 동시에 단면, 입면, 구조, 설비 등도 결정된다. 따라서 건축전기설비기술사(또는 설계자)는 건축계획의 시작부터 평면계획에 적극적으로 참가해 건축전기설비 관련 필요 면적의 확보와 건축전기설비의 배치(위치)를 결정하여 합리적이고 기능적인 건축계획의 수립에 협력해야 한다.

나) 기본설계도서의 작성은 실시설계를 하기 위해 건축 등과 관련한 모든 협의가 끝난 것을 전제로 한다.

다) 기본설계 순서

① 중요 건축전기설비 및 기기의 형식, 방식 등을 정하고, 시설장소의 위치, 면적, 유효높이, 바닥 하중, 장비 반입경로 등을 검토해 건축설계자와 협의한다.

② 건축계획에 중요 건축전기설비 기기의 개략배치를 삽입하고, 건축전기설비 면적의 재확인과 추정공사비의 산출에 필요한 기본도면(계통도, 단선접속도 등) 을 작성한다.

③ 중요 건축전기설비 기기의 추정용량, 시설면적, 종류, 방식, 건축주의 요망사항 등을 기본으로 하여 안전성, 신뢰성, 기능성, 유지보수성, 확장성, 경제성 등을 검토한다.

④ 공사비(예산), 건축전기설비 등급의 결정, 건축전기설비 종류의 증감, 공사범위, 공사기간 등을 확인해 건축주와 협의한다.

⑤ 기본설계의 내용은 기본설계도서를 정리하고 발주자에게 제출하여 승인을 받는다.

라) 기본설계도서에 포함되어야 할 내용

① 건축물의 개요

명칭, 용도, 구조, 규모, 연면적, 예정 공사기간 등을 기재한다.

② 공사종목 및 그 개요

수변전, 조명, 동력 등의 전력설비, 전화 및 정보통신, 방송, 텔레비전 공시청, 전기시계 등의 약전설비 중 실시하는 공사의 개요를 기재한다.

③ 기본설계 도면은 다음 조건을 만족하도록 간결하게 작성한다.

㉮ 공사비의 추정이 가능할 것

㉯ 기본계획 전체가 이해 가능할 것

㉰ 설계종목, 타 분야와의 중요 관련 사항이 명시되어 있을 것

㉱ 기타 필요한 실시설계로의 준비가 이루어져 있을 것

④ 개략공사비

기본 설계도면을 기초로 개략공사비를 공사종목별로 산출한다.

⑤ 관계 관공서 등과의 협의사항

건축담당관청, 소방서, 전력회사, 통신회사 등과 기본설계 단계에서 협의한 내용과 설계자문 등에 관련한 사항을 기록한다.

⑥ 기타사항
  ㉮ 건축주, 건축설계자, 건축전기설비기술사(또는 설계자)에 대한 설명자료를 첨부한다.
  ㉯ 제조업자의 견적서 등 개략공사비 산출자료를 첨부한다.
  ㉰ 기본설계 단계에서는 결론이 구해지지 않는 사항, 실시 설계 시에 재검토를 필요로 하는 사항 등을 기재한다.

【표 2】

기본설계 성 과 물	설계계획서	
	기본설계도면	
	개략공사비내역서	
	기 타 사 항	용량계획서(개략계산서)
		시스템선정 검토서
		협의기록서(협의, 자문 등)

4 설계방향 및 설계단계 성과물

5. 실시설계

가) 실시설계는 기본설계도서에 따라 상세하게 설계하여 도면, 공사시방서 및 공사비예산서를 작성한다. 이때 건축전기설비기술사(또는 설계자)는 기본설계도면에서 결정한 사항에 대해 구체적으로 상세한 부분에 걸쳐 건축의장, 건축구조, 건축기계설비 등의 관련기술사(자), 담당자 등과 긴밀하게 협조하여 상세한 내용을 결정해야 한다. 경우에 따라 앞 단계의 결정내용을 조정하거나 수정하면서 검토 및 협의를 진행하게 된다.

나) 설계진행

① 건축전기설비 기기는 항상 새로운 것들이 개발되어 각각 독자적인 뛰어난 기능과 특성을 갖고 있으므로 기본설계에서 결정되지 않는 것은 물론 중요 기기의 용량 등 이미 결정되어있는 것에 대해서도 다시 비교항목을 설정해 검토해야 한다.

② 실시설계단계에서는 기본설계 개략공사비를 기초로 예산범위가 결정되어 있다. 따라서 설정된 예산범위에서 설계를 진행함과 동시에 설계에 따른 공사가 틀림없이 이루어지도록 정리해야 한다.

③ 설계도서의 작성이 완료된 후 공사예산서를 작성한다. 이때 공사비예산서는 건축주가 사업자를 결정하기 위한 기준이 되는 것으로서 적절한 예산안으로 설계가 이루어져 있는지, 타 공사와의 균형은 어떤지를 판단하는 중요한 역할이 되기도 한다.

다) 일반적인 설계도서의 구성

① 표지
설계도서의 체계상 작성하는 것으로 공사명칭, 설계자명 및 도면매수 등을 기재한다.

② 목록
설계 도서를 철한 순서대로 도면번호와 도면명칭을 기재한다. 규모에 따라 생략하거나 표지에 기재하는 경우도 있다.

③ 배치도
설계대상 건축물, 대지상황, 인접건물, 통로, 구내도로를 기입하며, 전력 인입선로, 전화인입선로, 외등 등의 구내배선도 포함하여 기입한다.

④ 건물 단면도
단면도에는 기준 지반면, 각층 바닥면, 천장높이, 처마높이 등을 기입하며, 피뢰침, TV 안테나 등도 포함하여 기입하는 것이 일반적이다.

⑤ 단선접속도
분전반, 동력 제어반, 수변전, 자가발전설비 등의 주회로 전기적 접속도를 단선으로 표시해 중요 기기의 전기적 위치와 계통을 명확하게 한다.

⑥ 계통도
건축전기설비 종목별로 기능을 계통적으로 도시하며 건축전기설비의 개요를 이해할 수 있도록 한다.

⑦ 배선도
조명, 콘센트, 동력, 약전 및 구내통신, 전기방재설비 등으로 구분하여 각층마다 평면도로 표시한다.

⑧ 기기 시방 및 기기 배치도

기기 명칭, 정격, 동작설명, 개략도, 마무리, 재질 등을 표시하고, 기기 주변의 배선은 필요에 따라 상세도, 설치도 등으로 표현한다.

⑨ 공사시방서

㉮ 공사시방서는 설계도면에서 표현이 곤란한 설계내용 및 공사방법에 관해 문장으로 표현한다. 그 내용은 공사개요, 지시사항, 주의사항, 사용자재의 지정, 공사범위 등이다. 공사비 견적을 정확히 할 수 있고, 공사에 대한 의심, 도급계약상 문제점이 생기지 않도록 작성해야 한다.

㉯ 공사시방서의 기재사항은 어떤 공사에나 적용할 수 있는 공통사항을 건설기술관리법령 규정에 따라 시설물의 안전 및 공사시행의 적정성과 품질확보 등을 위하여 시설물별로 정한 표준적인 공사기준을 정한 것을 표준시방서라 하며 이것을 기준하되 설계자는 공사시방서를 작성한다.

㉰ 공사시방서는 표준시방서를 기본으로 하고, 공사의 특수성·지역여건·공사방법 등을 고려하여 설계도면에 구체적으로 표시할 수 없는 내용과 공사수행을 위한 공사방법, 자재의 성능, 규격 및 공법, 품질 시험 및 검사 등 품질관리 등에 관한 사항을 기술해야 한다.

【표 3】

실시설계 성과물	실시설계도서	설계설명서
		설계도면
		공사시방서
	공사비적산서	내역서
		산출서
		견적서
	설계계산서	조도계산서
		부하계산서
		간선계산서
		용량계산서(변압기, 발전기 등)
		기타계산서
	기 타 사 항	관공서 협의기록
		관계자 협의기록
		기타 기록(설계자문, 심의 등)

MEMO

MEMO

MEMO

편저자	황민욱
	한양대학교 대학원 박사과정 전기공학과
	現 배울학 전기 교수
	現 배울학 건축전기설비기술사 교수
	現 일오삼엔지니어링 팀장
	現 동양미래대학교 겸임교수
	現 숭실대학교 외래교수
	現 한국신재생에너지협회 강사
	現 대한전기학원 대표강사
	現 한국전기공사협회 강사
	現 유한대학교 외래교수
	前 한국폴리텍대학교 외래교수
	前 모아전기학원 대표강사
	前 한국산업인력공단 & 한국취업지원센터 해외플랜트 현장 관리자 교육

건축전기설비기술사 / 직업능력개발훈련교사(전기 2급) /
전기기사 / 전기공사기사 / 소방설비기사(전기분야)

- 배울학 ③ 전기기기
- 배울학 ⑦ 전기설비기술기준
- 배울학 전기기사 1033 필기 10개년 기출문제집
- 배울학 전기공사기사 1033 필기 10개년 기출문제집
- 배울학 전기산업기사 1033 필기 10개년 기출문제집
- 배울학 전기공사산업기사 1033 필기 10개년 기출문제집
- 배울학 건축전기설비기술사 Level A
- 배울학 건축전기설비기술사 Level B
- 배울학 건축전기설비기술사 Level C
- 마스터건축전기설비기술사(엔트미디어)

배울학 건축전기설비기술사 Level Zero

발행일	2021. 03. 01 1쇄 발행
발행처	배울학
주소	서울특별시 동대문구 왕산로26길 35, 301호
이메일	help@baeulhak.com

ISBN	979-11-89762-19-3
정가	22,000원

- 교재에 관한 문의나 의견, 시험 관련 정보는 배울학 홈페이지 proelec.baeulhak.com을 이용해주시기 바랍니다.
- 이 책의 모든 부분은 배울학 발행인의 승인문서 없이 복사, 재생 등 무단복제를 금합니다.

※ 이 도서의 파본은 교환해드립니다.